思想

第二辑

思想建筑 第二辑 王子耕 执行主编

央美建筑系列丛书 朱锫／王明贤 主编

中国建筑工业出版社

U0293064

建筑

总序

中央美术学院建筑教育的办学历史可以追溯到新文化运动时期。中央美术学院的前身是著名教育家蔡元培先生倡导成立的国立北京美术学校，这是中国历史上第一所由国家开办的美术学府，于 1918 年 4 月 15 日在北京西城前京畿道正式成立。创办之初，其学科科目中即有建筑学科教学内容，开设建筑学、建筑装饰、建筑构造、建筑意匠、东西建筑史等课程。此后，该校几经易名合并。1949 年 11 月，该校和华北大学三部美术系合并，在 1950 年 1 月，经中央人民政府政务院批准，正式定名为中央美术学院。2003 年中央美术学院通过与北京市建筑设计研究院合作办学，单独成立了建筑学院，新成立的建筑学院成为中国高等美术教育系统中的第一所建筑学院。

揭示、探索和发展学生的创造潜力正是中央美术学院建筑教育的目标与任务。建筑学院已形成以本科生教育为主体，硕士生、博士生教育为支撑，留学生教育为补充的完备的教学层次和多种培养模式，初步形成突出的专业优势与鲜明的办学特色。建筑学院始终着眼于发挥学院优势，坚持面向世界，积极开展国际学术交流与合作。先后与英、美、澳、日、德、加、意、西等诸多国家与港澳台地区的多所大学文化机构建立了学术交流关系，进行教授互访、课程交流、科研合作、联合竞赛和学术讲座等活动。交流活动促进了该院教学水平的提高，并使学生有机会直接接触到国外先进的教学方法。"央美建筑系列讲堂"（CAFAa Lecture Series）由中央美术学院建筑学院于 2018 年发起，旨在立足建筑学术前沿，邀请当今世界最杰出的学者、教育家、建筑师、艺术家展开研讨、讲座、会议等多种活动，共同建构批评、包容、开放的国际建筑学术平台。

列奥·施特劳斯认为："人文教育（Liberal Education）在于倾听伟大心灵之间的谈话，是对节制的训练，亦是一次勇敢的冒险；它使我们成为文化的人（Cultured Man），使我们从庸俗中解放，并馈赠于我们经历美好事物的体验。"创办"央美建筑系列丛书"，希望该系列丛书反映出人文教育的光芒，让读者倾听伟大心灵

————————————————————————————

之间的谈话。建筑学院具有建筑学、城乡规划学、风景园林学三个一级学科和建
筑学专业硕士、风景园林专业硕士学位授予权，设有建筑设计、城市设计、室内
设计、风景园林四个专业方向，强调专业间的交融互补与学术渗透。系列丛书将
介绍根植于中央美术学院百年深厚艺术土壤的建筑学院之建筑艺术教育体系，着
重介绍以跨艺术、人文学科的建筑创作教学为主导的建筑设计研究、建筑艺术与
人文研究、史论研究、实验教学的最新成果。谨以此系列丛书与国际建筑教育界
同行交流，与国内建筑界同行交流，为建构具有崭新学术特色的建筑教育体系，
为推动中国建筑的发展、世界建筑的发展尽绵薄之力。

编者的话

前言

"央美建筑系列丛书"之《思想建筑》系列源起于"央美建筑系列讲堂"(CAFAa Lecture Series)。2018 年,中央美术学院建筑学院发起该学术系列讲座,旨在立足建筑学术前沿,邀请当今世界最杰出的学者、教育家、建筑师、艺术家展开研讨讲座、会议等多种活动,共同建构批评、包容、开放的国际建筑学术平台。系列讲座现已邀请雷姆·库哈斯(Rem Koolhaas)、矶崎新(Arata Isozaki)、斯蒂文·霍尔(Steven Holl)、莫森·莫斯塔法维(Mohsen Mostalavi)、曹汛等著名建筑师、学者来校讲学。本书是针对矶崎新和斯蒂文·霍尔两位知名建筑师在中央美院的讲座及研讨会的内容梳理,希望《思想建筑》能成为国际建筑学术交流平台,以独特的学术思想推动当代建筑创作和建筑历史理论研究的进一步发展。

《思想建筑第二辑》收录了矶崎新和斯蒂文·霍尔两位世界知名建筑家的讲座及研讨会内容。矶崎新先生作为日本现代主义建筑的代表人物之一,在西方与东方的双重语境下呈现了洛杉矶当代美术馆、迪士尼总部办公大楼等超过百个建成作品,其未建成的空中都市等城市构想是规划历史中宣言式的伟大作品。矶崎新是建筑师和城市规划者,同时也是建筑理论家,在他的作品中贯穿了对时间、空间科学或哲学的探索。讲座以"矶崎新之谜/'息'+'岛'篇"为题,通过一系列对于城市乌托邦式的宏大构想为我们展开了 20 世纪 60 年代以来的建筑运动。60年代的空中城市、70 年代的电脑城市,沿着时间脉络,矶崎新先生阐述了城市和建筑合体装置在城市、建筑、媒体、语言学、文化多元框架下的思考。

斯蒂文·霍尔先生是美国当代建筑师中的代表人物之一,自 1976 年在纽约市设立斯蒂文·霍尔建筑师事务所以来,其在文化建筑、公共建筑、住宅领域的建筑作品遍布美国本土及海外,并被授予多项建筑界最高的荣誉。《锚固》(Anchoring)、《交织》(Intertwining)、《视差》(Parallax)等著作呈现了霍尔细腻的建筑表达、与自然的连接和对环境的关怀。讲座以"建筑创作——理论的重要性"为题,以皇后区里社区图书馆、肯尼迪表演艺术中心等九个建筑实践串联起霍尔对当代建筑创作和理论的九组思考。光、音乐、随机类比是霍尔建筑理论与创作的交织,雕塑般的空间、水彩中的诗意传递出其建筑创作中丰富的想象力与流动的感知。

王子耕

目录

上编　矶崎新

下编　斯蒂文·霍尔 ——————————————————————————

上编

矶崎新

一、策划人致辞

二、"矶崎新之谜 / '息' + '岛' 篇"讲座

时　间：2019 年 10 月 29 日 14：30-16：00

地　点：中央美术学院美术馆学术报告厅

主讲人：矶崎新（国际著名建筑师，2019 年普利兹克奖得主）

学术主持：范迪安、吕品晶、朱锫

主持人：朱锫

三、"六十年代以来的建筑运动"研讨会

时　间：2019 年 10 月 29 日 16：15-17：45

地　点：中央美术学院美术馆学术报告厅

主持人：朱锫

特邀建筑家：张永和、王明贤、刘家琨、史建、周榕、张利、张路峰、李兴钢、王辉、童明、华黎

特邀艺术家：刘小东、张子康、朱乐耕、方振宁、陈文令、吴达新、丘挺、包泡

图 1　讲座与研讨会海报

一、策划人致辞

朱锫：尊敬的各位来宾，大家下午好！欢迎大家来到中央美术学院建筑学院学术现场（图1～图3）。

今天是我们央美建筑系列讲座（CAFAa Lecture Sesies）的第四场，主讲人是我非常敬重的世界知名建筑家，也是我们央美的老朋友——矶崎新先生（图4），让我们掌声欢迎。

矶崎新先生出生于日本大分，1963年成立矶崎新工作室。代表作包括群马县立近代美术馆、洛杉矶当代艺术博物馆、迪士尼总部办公大楼、西班牙巴塞罗那体育馆、都灵冰球馆、深圳文化中心，还有我们大家在座的中央美术学院现代美术馆、卡塔尔国家会议中心、上海交响音乐厅等诸多的伟大作品。

矶崎新的建筑生涯获重要奖项无数，包括日本建筑学会年鉴奖、英国RIBA金奖、美国艺术学院阿诺德·布鲁纳纪念奖、日本文化设计奖、威尼斯建筑双年展金狮子奖、西班牙公民劳动勋章大十字奖，特别是2019年的普利兹克建筑奖。此外，矶崎新先生也担任了众多的国际建筑竞赛评委，比如威尼斯双年展-国际建筑展日本馆的评审、建筑思想国际会议策划、仙台媒体中心横滨港国际邮轮码头、北京CCTV和中国国家美术馆等众多的国际竞赛的评审。

我相信很多在座的来宾可能都已经熟悉了央美建筑系列讲座的特点，它是一个主题讲座，紧跟的是与主讲人紧密关联的专题研讨会。这样的形式力求聆听到主讲人深刻的思想，同时也让众多重量级嘉宾围绕着主讲人特定的话题，呈现最精彩的辩论。

我们今天的活动也是这样的结构，首先是矶崎新带来的主题讲座，题为《矶崎新之谜"息"+"岛"篇》，这个讲座与矶崎新今年9月的大分展同名，应矶崎新先生之邀，我也有幸参加了这个展览的开幕，倾听了他对展览的深刻阐述，很令人启发，而且回味无穷。

下面用热烈的掌声欢迎矶崎新先生为我们开始他精彩的演讲。

| 图2 讲座现场

| 图3 朱锫致开场辞

| 图4 矶崎新演讲

二、"矶崎新之谜 /'息'+'岛'篇"讲座

矶崎新：今天我们想要讲的主题是跟汉字有一定联系的，在日语里的汉字部分和英语这两种语言里，"时间"与"空间"这两个词是有一定关系的，这个时候一个日语当中"间"的概念浮现了出来（图5）。我想先围绕这个开始讲起，这也是我们的主题，以此来展开我接下来想要进行分析的问题。

我之所以会考虑这个问题，是因为我们从欧洲的文明中发现，英语在科学与哲学用语中使用了"时间"和"空间"这两个概念。然而在我们的汉字圈，或者说在汉字圈所影响的包括日本在内的这些国家里，我们对这种欧洲的"时间"与"空间"概念的理解并不是很清晰。

在我们的翻译过程中，像"时"这样的词，英语翻译为"Chronos"，"空"翻译为"Void"。把"Chronos"和"Void"的意思翻译到中文之后，就产生了我们现在的"时"和"空"。而日本又在这两个字后面加了一个"Ma"（间），形成了"时间"与"空间"这样两个单词。然后"时间"和"空间"在我们汉字圈中的含义就得以扩展开来，也就是说我们在欧洲的文明和亚洲的文明这两个文明之间的联系里不断了解和相互学习，从而开始思考。同时，也就形成了我们这200年来的思维方式。

此外，我们进一步来看平常经常使用到的"时代精神"一词，也是跟时间相关的内容，时间的灵，在德语里写作"Zeitgeist"，这是跟时间有关的一个概念。土地的灵是空间有关的概念，写作"Genius Loci"。这两个词又都是来源于拉丁语。我们比较汉字文化圈和欧洲文化圈中的思维方式，包括德语、英语、希腊语等，我们在这两种不同的文明之中，从两方各自的范围里，在双重的意识之下进行对时间和空间的思考。这样一来，对欧洲的人们来说，一些在欧洲所不具备的概念现在也在中国和日本不断地衍生出来。这是我在日本一直认识到的一个问题，也是我进行相关思考的一个契机。

而且进一步说，相对于时间与空间，建筑的概念也被错误地翻译成"Architecture"（图6）。在建筑领域，中国传统使用的是"营造法式"这样一个词语；在日本，当然这个是从中国传来的叫法，我们用的是"规矩"和"钩绳"这样的日本词语；在美术、茶道和武道等这些方面，我们在对它的最终涵义进行相关讨论的时候会用到"Architecture"这样的词汇；在中国也是这样，即使是用"Architecture"这样的词，它也不完全只是形容一个单体的房子，有的时候是形容社会系统的构建。现在从一般的角度考虑"建筑"一词，西方便是用"Architecture"这个词。这就是我们跟欧洲的思维方式之间存在一定的错位和不同的地方，在我们的思维方式下，因为这个原因，其实存在着能够产生我们一直以来的思维以外的讨论和思考的可能性。

图7是上一次来CAFA时做的幻灯片，同样在解释"Architect"（建筑师）。这个词语的用法，从前就有作为艺术或者艺术家方面的"Architect"，这个是来自于建筑师弗兰克·劳埃德·赖特在塔里埃森工作时所持有的一种理念。与

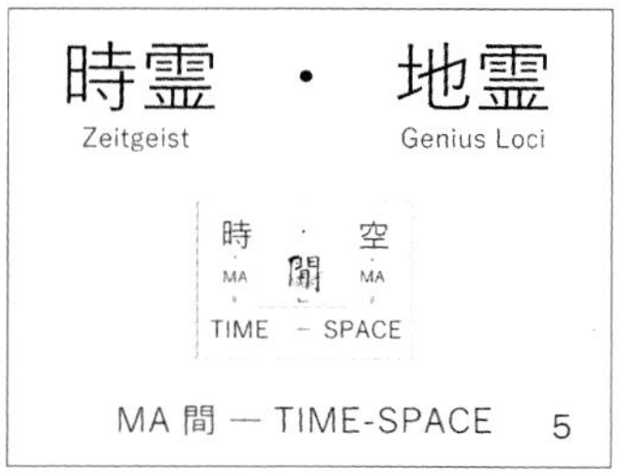

時霊 ・ 地霊
Zeitgeist　　　Genius Loci

時 ・ 空
MA 間 MA
TIME - SPACE

MA 間 — TIME-SPACE　　5

建筑 ≠ Architecture
『营造法式』 （術）規矩・鉤縄
建設・ルール・システム　　　かね　・　すみなわ
李明仲（1103年）　　　　『五輪書』宮本武蔵（1645年）
　　　　　　　　　　　　『南方録』立花実山（1690年）　6

图5 "时"与"空"的概念拓展 　　图6 "建筑"的错译

此相对，建筑也有作为工程师这样的一种思维和解释在其中，中间一张是诺曼·福斯特的办公室，其中建筑师们的工作中有很多工程师的基本工作都包含在内，所以从另外一种意义上来说，这是作为工程师含义的一种"Architect"。进一步来讲，在英文的新闻报纸当中，所谓的"Architect"有的时候未必单纯是我们认为的一种对房子的设计，它其实是一种战略的制定，一种全新的企划制作或是设计的进行，有这样的涵义在里面。所以最近我们在使用它的时候，可以看得出来，它其中包含的深意是有所不同的。右边这张图是在要暗杀本·拉登时，他们在白宫战情室制定暗杀指令的场景，这是已经对社会公布的一张照片，我想这其实也是包含在"Architect"的工作内容当中的。

我们再一次从理论的角度来观察它的话，在近百年的时间里，建筑学的理论其实有着相当不同的发展路径（图8）。比如说，大约在130年前，有一本著作叫《现代建筑》（奥托·瓦格纳），书中建筑理论的概念受到重视和思考。此外，在哈佛，希格弗莱德·吉迪恩对历史进行了总结，写出了《空间·时间·建筑》这样一本书，这本书对于我来说是提供了最初的启示，建筑、时间、空间这些关键词都包含在这本书当中。我们所感受到的时间，和以此出发而感受到的建筑，在英文里是"Space and Architecture"，他也察觉到了我们言语当中所使用的词汇和英文当中所使用的词汇之间是有差异存在的。还有一点，在50年后，看到右边的这张图片，朝鲜的金正日写了一本叫《建筑艺术论》的书，他所表达的是要以战略性的眼光来制定对城市土地的整体规划，这些内容都在他的这本著作中论述得非常清楚，这就跟我们刚才所讲到的建筑这个词当中所含有的战略性是有不谋而合之处的，所以它从某种意义上来说也是具有时代代表性的一本著作，他跟我们所思考的"建筑"的概念又有所不同。

在这样一个大前提之下，我想跟大家来讨论一下城市建筑的合体装置。我们今天要讲到的城市和建筑，我们一直是将它们作为不同的个体来理解，城市设计系统和社会制度完全是不同的内容。然而在我们的城市设计当中，在设计的现场进行思索的时候，他们实际上又是能讨论出共通点的。而在现实当中，他们有可能是分别以不同的形态存在的，但是在某一种角度，或者某一种层面，感觉他们又应该是合体的，这点不是特别的明确。

具体而言，我们有一个对城市整体的总体规划，再有各个对于不同分区的规划，然后是对于城市基础设施和基础建设的工作，结合它们不同的特点在城市基础设施的建设完毕之后，我们怎样把建筑结合在一块儿？在多数情况之下，它们是处于一种分离的状态。在这样分离的状态进行考量的话，我们不得不思考只有把两者结合起来才能成为我们真正意义上的建筑——"Architecture"，把它们全部联系起来思考，这才是建筑本源的工作和意义。

所以我们要怎样去构建城市和建筑的合体装置呢？在今

图7 矶崎新将"建筑师"解释为"艺术家""工程师"和"战略家"

图8 《现代建筑》作者奥托·瓦格纳、《空间·时间·建筑》作者希格弗莱德·吉迪恩以及《建筑艺术论》作者金正日

天下午后半部分的嘉宾讨论当中，我们会进行相关的更加深入的讨论。在此之前，先就我 20 世纪 50 年代以来一直学习和思考的内容进行阐释。50 年代，我开始对城市的学习；60 年代我了解到媒体，并思考城市与媒体的结合；70 年代，就像刚才提到的，我又把它跟我们的语言学相联系，包括对文字、文化的问题思考。

在 20 世纪 50、60、70 年代这几个阶段里，我在普通专业领域以外的工作范围里进行了各种各样的思考，其中就包括第一次思考城市设计相关的内容。比如说我在勒·柯布西耶的工作当中，学到了非常多的东西。请大家看一下这个照片（图 9），这是我学生时代拿到的第一本勒·柯布西耶的著作—— Urbanism Urbs，这本书在第二年被翻译成了英文（图 10），书名翻成了"Town Planning"这个词，建筑在翻译过程中就会经历一种变化，比如"Urban"就变成含有"City Planning"的概念。在不同的国家，它的翻译也就成为另外一种形态，它传达的内涵就发生了另外的变化。这在美国诞生了一个新的学科，在哈佛大学叫"Urban Design"，在宾夕法尼亚大学叫"Civic Design"，在加利福尼亚大学伯克利分校叫"Environmental Design"，这些有着区别的学科都是 20 世纪 50 年代诞生的。我们现在去思考五六十年代的话，会发现 60 年代前第一次出现的这些概念很相近的学科被编织起来，直到今天，这些学科产生了新的变化，却又紧密连接在一起。

于是，今天我们的话题计划要对 20 世纪 50、60、70 年代建筑运动中的一些变化过程进行相应的阐释。在当下，通过在中国很多图书馆的查阅，或者观察他们整理的信息等，可以看得出来，在当时那个年代，全球有很多信息并不能非常顺畅地进入中国。在新中国成立后，经历了很多的发展建设后，在 80 年代左右开始与世界连接紧密。当我在学生时代的时候，在 80 年代之前，这种信息在日本其实都是非常零乱的，并没有人做非常系统性的整理。简单来说，这本"城市设计"特辑是从这里开始编写的（图 11）。同时，"日本的城市空间"特辑也开始了编写（图 12）。

在其中，所谓"城市设计"这样一个概念，它能够展开非常多的形态，这些各种各样的形式也都有了理论性的发展。而关于这些内容，我把它分成了 ABCD 四个阶段（图 13）：A 是实体论阶段，是比较传统的城市设计阶段；B 是功能论阶段，也就是现代主义里诞生功能主义的阶段；C 是转向构造论的阶段，它是现代主义的后期所构造出来的一个理论，包含了"生成·运动"这样一个概念；20 世纪 60 年代，我就开始对媒体产生了非常大的兴趣，并且认为媒体会有更大的发展，在这当中，我产生了对符号论这方面理论的思考，这就属于我在这里写到的 D 阶段——象征论阶段。可以看得出，从 A 到 D 是一个思考方式随着时代性变化的渐进过程。

这个是比较复杂的一个框架（图 14），大家可以稍微地看一看，刚才我所讲到中国大城市的状况在不断变化的过程当中，其实我跟朱院长也对这样种种的过程有过相关的交流。

城市设计的四阶段
Four stages of urban design

A: 实体论阶段 — ①城市美化运动
Subatantive stage   City Beautiful Movement, Burnham & Root
②日本传统街区调查、象征手法、空间分析
Design Survey, Urban Space in Japan

B: 功能论阶段 — ①雅典宪章
Functionalistic stage   The Athens Charter (CIAM 4th, 1933)
②城市之核
Heart of the City (CIAM 8th, 1951)

C: 构造论阶段 — ①生命体膜像
Structural stage   Organic Form Analogy, Bio Model (La Ville Radieuse)
②生成·运动
Physical Pattern, Activity Pattern (Growth and Mobility)

D: 象征论阶段 — ①符号分析
Symbolic stage   Symbol Analysis, Pattern Language
②电脑城市
System Model, Imaginary Model
13

图 9　勒·柯布西耶著作 Urbanism Urbs
图 10　Urbanism Urbs 的英译本 Town Planning
图 11　《建筑文化》"城市设计"特辑
图 12　《建筑文化》"日本的城市空间"特辑
图 13　矶崎新将城市设计划分为四个阶段

可以看得出，我们最终要进入"超城市"这样一个阶段，这正是进入了 21 世纪的今天，我认为中国大概是正处在这样一个情况。城市是 18、19 世纪的一种状态，这几个概念是适合于不同时代的，而以后又会进行一个怎样的发展和变化呢？之后我会稍加展望。

20 世纪 50 年代以来跟城市设计相关的具体的事例我在这儿做了一个简单的整理。不同的时代有着不同的阶段，在我们普通的城市发展史当中，大家可以看到有很多相关的讨论。正好这个时候日本城市的空间设计的表现方式有着很多难以把握的要素在其中，我自身也在不断思考能有怎样的表现方式。

日本的这个城市空间是具有一定的特殊性，在我们至今为止所讨论的城市规划、城市论、建筑论等内容里，日本其实有很多不符合它的地方。这些都是比较细节的问题，无法为大家一一展开来讲，这方面先略过去（图 15）。

接下来是 B 功能论的阶段，是城市与建筑紧密关联着的这样一个阶段。在这个时代，城市的思考方式非常集中地表现在了左边的这张照片当中（图 16），这个理论现在也是具有非常重要的地位。CIAM（国际现代建筑协会）在 20 世纪 50 年代功能论阶段主张重建都市结构，诞生了"城市之核"的概念。在更大的格局下，对城市做了一个更加宏大的规划。

城市设计逐渐接近这种规划的手法，便是 C 构造论阶段

14

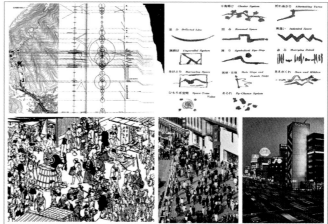

15

16

图 14　矶崎新绘制社会·城市·建筑·媒介论的框架
图 15　A：实体论阶段——日本城市案例
图 16　B：功能论阶段——《雅典宪章》案例

的内容，其中比较引人注目的就是 TEAMX，他们主张生成和运作。从那一代人的角度来看，在日本暂且不谈，在欧美是具有非常主导地位的。这里大家能看到非常具有代表性的建筑师们的一些案例：乔治·坎迪利斯、彼得·史密森、阿尔多·凡·艾克。对于他们来说，他们所考虑到的是把都市整体的结构能够做一个更加具体的建构。

然后我们看一个具体的案例。我们都知道柏林墙，但在柏林墙建立之前，柏林是处在一个废墟的状态，在这个废墟之上怎么来进行相关的建设？当时进行了一个国际性的竞稿项目。包括曾经设计了柏林爱乐音乐厅的汉斯·夏隆，他是非常出名的一位建筑师；彼得·史密森的设计很遗憾地落选了；勒·柯布西耶的设计可以算是他晚年最后一个设计成稿的项目。

虽然彼得·史密森考虑到在都市当中进行人车分流，这在当今我们的日常生活中已经司空见惯了，而变成这样的状态也就是在过去 10 年左右的时间里。在当时而言，电梯放在外部、人车分流的这些设想是非常具有新鲜感的（图 17）。

在之后三年，我以学生的身份帮助丹下健三一起进行了东京湾的相关规划，该怎么通过对东京湾的利用和设计，建立另一个东京。在中国其实有各种古老的都市，我们将它们并列起来去寻找，大家会发现这里和现在中国有类似的一些状态。在当时的时代发展下，诞生了在海上要建立一个城市的想法。

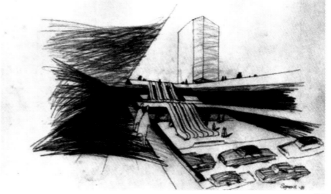

17

图 17　彼得·史密森的设计草图

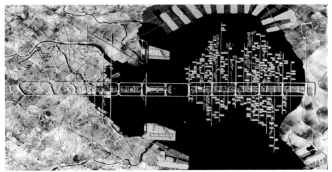

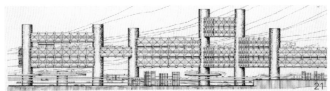

在 1959 年左右，丹下健三也请 MIT 的学生一起进行了一个单体设计（图 18），丹下健三的方案如图 19 所示；在日本对东京湾相关的设计之中，黑川纪章的部分如图 20 所示，以及我的也进入到其中（图 21），在这里给大家看到的图片里我从事的相关设计都包含在其中。因为时间有限，细节无法为大家一一展开。

基于同样的思考，马其顿的斯科普里市遭受了地震灾害后，进行了重建城市的设计竞标，第一次有来自日本的设计师投稿了这次城市规划竞标，并且最后成功地成为这个项目的负责方（图 22）。

大家可以看看这样形式的示意图（图 23），我们在做这个城市设计的时候，先是经过了大量的程序步骤，更进一步的是把城市和建筑做出了有机的融合，最后形成了这样的方案，但是非常遗憾，我们的方案最终没有能够付诸实施。

接下来我们有了一个比较大规模的城市乌托邦，或者说未来都市建设的实践机会——承担大阪世博会的设计（图 24）。在对公共空间结构的设计当中，我参与了实际建筑的建设工作。其中包括了民间的一些场馆，在以往的城市规划设计当中并没有这类的概念或者构架。

在这儿，我们对自己的一些想法进行了实践。图 25 是一个普通的城市设计并作为我们的中期提案，图 26 是最终的初步设计方案的平面。关于大阪世博会我待会儿还会再讲到。

图 18　拟定 25000 社区计划，丹下健三与 MIT 学生
图 19　东京计划，丹下健三
图 20　浮动城市，黑川纪章
图 21　新宿项目，矶崎新

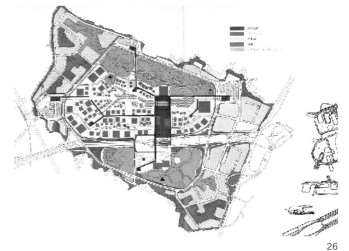

图 22　斯科普里市城市中心区规划，丹下健三团队
图 23　斯科普里市城市中心区规划项目图纸以及模型
图 24　大阪世博会规划设计项目
图 25　大阪世博会项目中期方案图
图 26　大阪世博会项目最终方案图

20 世纪 70 年代，有一个文化和艺术非常盛行的国家，它并不是在北美和欧洲，也不是日本，而是伊朗。伊朗当时的王后法拉赫·巴列维是建筑专业毕业的，作为建筑学学生的她因偶然的机会成为王后。她希望把新的文化在全球范围内进行讨论，并举办了一些学术讨论会，这是在 1974 年左右举办的学术会议。在这里，大家可以看得到这张照片（图 27），后面站的都是世界闻名的一些建筑师，昂格斯、保罗·鲁道夫，站在王后后面的是路易斯·康。我们相当于是以一种团队合作设计的模式参与了其中，了解到比如路易斯·康的思考方法，对我来说是一个非常有趣的体验。

如图 28 所示，这是路易斯·康创作的一些设计稿，在他的设计过程当中，无论是对城市的分析，还是草图，都逐渐贯彻他对城市设计的相关理念。这位巴列维王后请到了路易斯·康，想要把德黑兰中心地块的开发工作交给他，想要请他先画出一个设计稿，然而，当时的伊朗国王请了丹下健三先生，想让他的工作室进行相关的设计工作。在这个特殊的场地进行很大规模的开发，路易斯·康和丹下健三提出来不同的方案。

如图 29、图 30 所示，为两个方案具体的细节，路易斯·康在城市中心更多地保留了自然景观，只是针对一部分进行开发，进而形成了这个方案。而丹下健三对"东京计划 1960"进行了延续，在中心做了一个比较整体的开发方案（图 31、图 32）。然而很遗憾的是，路易斯·康在设计的过程

27

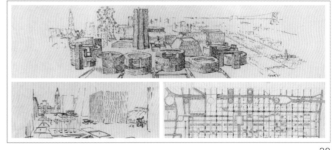

28

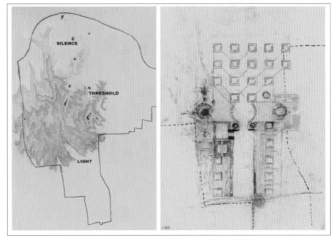

29

图 27　德黑兰阿巴斯·阿巴德城市设计项目会议
图 28　公民中心项目及交通研究项目，宾夕法尼亚州费城，路易斯·康草图手稿
图 29　阿巴斯·阿巴德总体规划初步草图，路易斯·康

中去世了。如图 33 所示，这幅素描草图稿成为他生前最后的设计草图。最后我拿到了他的总体规划稿，并将丹下健三先生的设计稿集合起来，两者进行了有机的结合（图 34）。

接下来我们看一下"D：象征论阶段"（图 35），我们是依靠电脑的力量对城市进行设计，其实这一思路我也是在逐步摸索后形成的。我们在进行这个思路的途中，便已经建立了这样一个"看不见的城市"的概念。

在这个项目当中，以这样的形式，我们首先对城市的环境条件进行大量的调查，然后把所有城市需要的公共功能加入设计之中，这中间的庭院大概长度为 1.5km。目前在中国，这种城市设计方式已经成为常识性的模式，但是在当时那个时代，还没有太多的人接受这种看上去离谱的设计思路。特别是我们看到中间这幅画（图 36），这是目前东京已有的一个新的地区，以迪士尼乐园为主题，目前已经建成。这里还只是一片海洋的时候，听说东京决定在这片海上建立一座小型的城市，在这个方案实施前我还完全无法相信。

我们可以看到这边是已经建成的一个例子，如图 37 所示。像这样巨大屋檐的概念，在大阪世博会中能看到有很多实现了的类似设计。

另外，我们在做城市的同时，也对一个"有着四张脸的太阳塔屋顶装置"（太阳之塔）进行了设计制作（图 38 ～图 40）。在机器建成之前，其实我不知道能不能做出来想要的效果，以机器人这个词为线索，我认为它只需要在开展活动时服务于

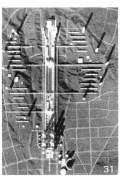

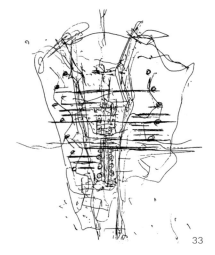

33

34

图 30　阿巴斯·阿巴德总体规划设计模型，路易斯·康
图 31　阿巴斯·阿巴德总体规划初步草图，丹下健三
图 32　阿巴斯·阿巴德总体规划设计模型，丹下健三
图 33　阿巴斯·阿巴德总体规划最终草图，路易斯·康
图 34　丹下健三与路易斯·康提案结合，矶崎新
图 35　D：象征论阶段——看不见的城市

城市设计的四阶段　Four Stages of Urban Design

D：象征论阶段　Symbolic Stage

D-1：符号分析　Symbol Analysis

看不见的城市 Invisible City

1. 保护膜 Protective film ———————————————— Homeostasis
为保持一定均衡条件，环境中设置保护膜。
There is a protective skin in the environment so that a constant and balanced condition can be maintained.
2. 交换性 Compatibility ———————————————— Exchangeability
自由交换度高的空间。Compatible space
3. 可移动装置，Mobile device ——————————————— Apparatus
包含各种可移动装置。
Various movable devices are included.
4. 人类-机械系统 Human - mechanical system ———————— Artificial Intelligence
建立人类-机械系统。Human－Man=machine system is established.
5. 自我学习 Self-learning ——————————————— Internet of things
拥有可进行自我学习的回馈回路。
To have self-learning feedback circuit.

35

表演，我们最终看到的就是这样的东西。这个装置一开始有着 30 多米的高度，在我们考虑了事故的可能性后，做了 15m 的考量，最后做了大概高 20m 的穹顶。"太阳之塔"的头顶超出了顶棚，我们也是给它取了有意思的名字。时间对城市做了一个拼贴，我们的城市处处充满着新颖。在城市之中，屋顶、照明设备以及地面上可动的装置等很多细节都有所体现，有所演绎。我们在城市之中可以看到很多机器人的形象，并通过机器人实现了很多不同的功能。

同样的我们来看一下，历史上"城市建筑合体装置"这样一个想法是如何诞生的？我们在近代说的时候是怎么一回事呢？从历史上看它的变迁，通过刚才的讲述能够看到第一阶段的建筑家们留下的足迹，一直到路易斯·康、丹下健三。当然现代乌托邦城市不可能一夜建成，这样的城市需要我们一步步思考（图 41）。

从 20 世纪 60 年代开始，现代城市建筑合体装置进入第二阶段，涌现了一系列对城市平衡的研究者，而这些人到了 60 年代之后，像是弗里德曼，逐渐对各种形式的未来城市能否实现进行了畅想。其中代表性的设计师包括黑川纪章、汉斯·霍莱因等（图 42）。

与此同时，我和克里斯托弗·亚历山大组成一个团队，我们用计算机语言的设计方式进行了一些实际项目的设计，在科技系统的带动下也产生出了一些新的想法。另外，我们也是创造了很多新型的超级城市的模型概念。不管怎么说，无

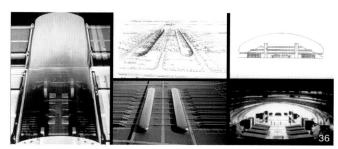

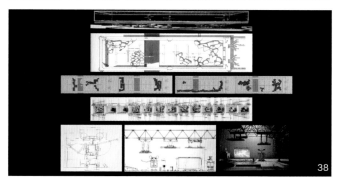

图 36　东京新地区设计图纸及模型
图 37　大阪世博会设计项目，矶崎新
图 38　演示机器人模型及图纸
图 39　大阪世博会节日广场
图 40　机器人 Deme

论这些想法是否可以成型，至少我们在设计的思考之中已经是有这样的畅想了（图43）。

到了21世纪之后，我开始觉得这一畅想会实现，特别是在当代中国。如图44所示，这是在博洛尼亚高铁车站拍摄的照片，尽管这个方案在竞标的时候胜出，总算是一个能实现的设计，然而这个方案目前还有一部分正在建设之中。

在埃及的亚历山大港，一所新的大学正在建设，目前这个方案已经有部分建筑实现了，这也预示着现代都市距离我们的畅想一步步靠近了（图45）。

另外，我们从功能上对大学进行分解——多媒体室、研究室、各种各样的报告厅以及休息室是大学里最普遍需要的功能。针对这所大学的状况，在埃及炎热的沙漠中，我们也为低碳环保做了一些新的系统，在这样严峻的情况下我们也进行了良好的方案设计。图中是其中一部分做好的场景，将这一场景放在如今的城市格局中也是我们想要提出的提案（图46）。

如图47所示，这是如今还未成型的龙湖地区的阶段设计方案。其实今天我准备的材料相对来说比较多，时间原因很多都是跳过去了，讲得不够充分。

今天我在这里还想要分享的是，在当代中国，我们面临着各种各样的状况，我自身是在20世纪90年代的时候就开始对现代中国充满了兴趣，同时，我也在学习现代的中国，从中国吸取了很多新的信息，也开始对20世纪80年代有一定了解。我不是太清楚80年代之前的中国，但是在90年代之后我开

41

42

43

44

图41　城市建筑合体装置第一阶段，弗兰克·劳埃德·赖特、勒·柯布西耶、彼得·史密斯、密斯·凡·德·罗、路易斯·康、丹下健三

图42　城市建筑合体装置第二阶段，菊竹清训、汉斯·霍莱因、尤纳·弗里德曼、塞德里克·普莱斯、罗恩·赫伦、黑川纪章、彼得·库克

图43　城市建筑合体装置第三阶段，克里斯托弗·亚历山大、阿道夫·纳塔利亚、矶崎新、安德里亚·布兰奇、塞德里克·普莱斯

图44　博洛尼亚高铁车站项目，矶崎新

始接触到了很多中国的朋友。我刚才也简单地提到过，从 20 世纪 80 年代那个时候起，中国开始从全世界吸取了各种各样的信息，从那时到了目前 21 世纪，经过三四十年时间，可以说中国已经学习到了全世界各种各样先进的经验。同时，在这样一个大的背景之下，中国已经开始摸索自己独特的道路，开始发挥自己独特的优势。根据过去 10 年的情况来看，正如我说的，中国已经找到了一条具有自己特色的道路。

日本在 20 世纪 80 年代之前，和当时中国一样，全世界并没有太过关注日本。在 80 年代后，由于在经济上、社会管理上、文化上的发展，全世界才开始发现了日本。原来日本有这么巨大的特色，和世界上其他地方都不同，大家这才开始认为日本原来是值得去关注的。

关于中国，全世界一直也在对中国文化进行着研究和讨论，但是一般认为到了 2008 年、2010 年（2008 年发生了金融危机）之后，大家才开始更进一步关注中国，当然中国也出现了诸如城市问题等一些负面的因素，但这个时候中国已经从全世界获取了几乎所有的信息，学到了几乎所有的智慧，已经开始走出了具有自己特色的道路。经过三四十年之后，其实中国可以说已经成为一个非常具有特色的国家。

日本在 20 世纪 70 年代快结束的时候，在发生变化的同时，近代具象的实质全部被终止之后，在这个时候某种以日本独特的都市主义为基础建立的理论以一种新的形式出现了。对于日本为什么发生巨大的变化？全世界也进行过激烈的讨论，

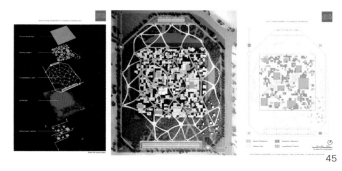

45

46

47

图 45　埃及日本科技大学项目，矶崎新
图 46　埃及日本科技大学项目设计图纸
图 47　中国郑东新区龙湖金融岛总体规划项目，矶崎新

也是我当时非常感兴趣的。

回到如今的中国，从 2010 年左右开始，相信中国已经走出了一条独特的道路。当时在中国国内，我们中国的朋友们可能并没有太深刻的感受，但是在世界的文化语境下，以他者之言看待时，中国从 2010 年左右一下子进入我们的视野之中，也就是中国经历学习阶段之后进一步开始展示自己的魅力。

当时在 20 世纪 80 年代的时候，通过接触日本式的东西，大家提到了日本风、日本特色。到了 2010 年左右，我们发现了中国风，并且中国也在创作论、方法论等方面逐渐形成了自己的特色，我们开始逐渐向中国学习。中国在 20 世纪八九十年代以及世纪之交，通过三四十年赶上世界的步伐，同时与世界各国并肩，现在已经领先于世界。

因此，这个也是我对中国感兴趣的原因，同时也是我对于中国的一个印象。无论这个印象是否正确，也是非常希望和在座的各位专家、学者们进行深入的交流。每个国家都会有发生巨大变化的一个时间，那么在这段时间里，到底什么样的东西是真正中国式的，以及到底什么样的东西是中国原创的，这些我们都在进行激烈的讨论。另外，日本的东西，我们其实也还有很多地方没有讨论出清晰的定义。在 20 世纪八九十年代，这十几年之间也是大家逐渐清楚地发现了新的日本，找到了日本的特色，比如日本建筑特别的形式。相信今后也会有重新讨论认识中国的风潮出现，就像 20 世纪

八九十年代全世界重新认识日本一样。日本发生的事情在中国不会再 100% 还原，但是我相信在日本发生过的事情我们完全可以进行参考，我们对于新事物的诞生都能够找到应对之策。

以上这些就是我今天最想和大家分享的。

朱锫：我想刚才矶崎新先生因为时间的原因没能展开演讲，但是我们也从中可以看出他讲座的脉络，很难得有这样的机会了解矶崎新先生创作背后的思想，特别是他的讲座缘起于刚才我们看到的他第三空间的展览。实际上这类同于霍米·巴巴提出的"第三空间"——就是以各种跨领域的合作为起点，紧接着进入他早期 20 世纪 60 年代的"空中城市"、70 年代的"电脑城市"、80 年代的"虚体城市"，一直到 90 年代的"海上城市"，最后一部分谈到了中国。我想接下来我们会跟在座的各位，特别是参与今天研讨会的各位有一个 5 分钟左右的回答问题时间，不知道在座大家有没有问题问我们的演讲者？

提问：很高兴和老先生又一次见面，我想提到电脑时代的问题，尤其矶崎新先生提到 20 世纪 60 年代的问题，我想 60 年代最大的一个问题，就是美国记者卡逊写的《寂静的春天》。1972 年《联合国人类环境会议宣言》说人类只有一个地球，我把这个堪称是人类在工业文明之后发生的整个西方文明向大自然的忏悔，从那个时候开始了全世界文化界对自然的关注，在这个历史上，人类文明的各个角度都要回到自然的怀抱，所以我认为整个人类 60 年代最大的问题是如何和自然发生关系，

和老天爷发生关系？这是我提的一个问题。（图 48 ）

矶崎新：在 60 年代的时候，对我影响最大的是披头士文化，披头士文化从某种意义上来说，是完全不使用科学技术，而是作为一个纯粹的人与自然共生，而在此时，新的社群、人与人的关系也就出现了。从这样的事情开始，就像他们会留那样的头发，而更重要的意义是，这样一种自然的文化诞生了。很明显，披头士也是这种文化下的产物。我其实跟披头士有很多交往，个人之间也有非常好的关系，他们的摇滚乐不是以往那种古老传统的模式，而是加入了电吉他等内容，制造出了更加新颖的旋律。在自然当中以这样的形式将很多人聚在一块儿，我最关心的是能否使用一定的技术手段，把自然里一些新的文化和艺术，以及我们一些基本的东西都结合在一起，这才是我们真正的目的。

然而，在大的活动当中，这种文化是受限制的。这些新的形式、信息在与不同的文化结合时会有重组的过程，所产生的能够造成改变的科技成果之类的东西，却经常让我们失望。从某种意义上来说，刚才讲到的跟自然共生的文化活动，其实都是经历了挫折、失败的过程。在 70 多年后，刚才讲到的某种能追溯到更古老的时代，在宏大的文化里，重新构建的种种思维方式出现了，并把成果展现了出来。这样的方法是否可行我也不知道。但所谓设计，在社会里是需求量很大的事情。在那个时候，科技大量涌现，这个题目其实并没有那么多的条件限制了，所以随着时光的流逝，我们不再备受

控制的时候，才可能有更多表达的空间（图 49 ）。

朱锫：大家还有其他的问题吗？

提问：老师好，我今天对于矶崎新老师最后讲的几句话特别感兴趣，也是我最近思考的一个问题。他说过去在日本发生的不一定 100% 在中国发生，但是我认为 100% 会在中国发生。因为 30 年前，就是 1990 年的时候，东京市政府搬到了新宿，30 年后的今天，北京市政府从王府井搬到了通州；30 年前有个《东京爱情故事》，30 年后的今天有个《北京爱情故事》；30 年前日本由于政府对于经济不能干预，造成了这种危机，在今天我们国家一直在托着中国的经济，其实这也是我最近在想的问题。在这样的一个转折的背景之下，作为城市的规划师，或者建筑师来讲，我们职业的命运会有什么样的一个变化？因为矶崎新老师也是一个跨越时代的建筑师，我希望听一些在这样一个大的历史背景之下，建筑师如何自处的建议？谢谢。（图 50 ）

胡倩（现场翻译）：他回答的这个问题跟前面的问题是有关联的，我不知道大家前面的问题有没有听得非常清楚，我非常简单地过一遍。前面他说 20 世纪 60 年代对他比较重要的一个影响是披头士文化，这个披头士文化就是比如说不穿衣服等行为，在很多层面是想表现和自然之间的一种关联：通过他们的音乐也好，通过他们的行为也好，来表现这种关联。这个时代摇滚乐等的出现也都是披头士文化非常重要的现象。但是这个摇滚乐所用的乐器，从传统的乐器开始变化到了现

图 48　第一位提问者

图 49　矶崎新回答提问者

图 50　第二位提问者

在的电器，问题是在之后的社会发展过程中，更多的是突出技术层面，而并非是更突出、更强化当时 60 年代的文化层面。因此，他想要表述的是和自然之间一种新的文化的产生。但是这样的文化既然没有办法在当时那个阶段立马呈现出它的效益，我们就以其他的方式。刚才他也提到了很多当时六七十年代出现了各种建筑层面、规划层面的运动，都是想通过技术背后的新文化的推动来呈现他们想要的技术和自然，包括人和自然之间关系的呈现（图 51）。

第二个问题，说到 30 年后的变化，你刚才举的那些例子的确都是事实，但是同时大家肯定也知道还有一本书叫作《日本沉没》，也有同名的电影。书中日本最后是面临这样一个命运的，所以他认为在长远的历史潮流中，中国不管从体量也好，从历史也好，永远是日本学习的对象。但是现在大家都在面临着和刚才第一个问题所提到的一样，就是在时代里面，技术都是最显眼的，也是很容易被政府，或者被社会接受或者推崇的，但是在它背后真正的这股文化的力量相对来说都会是延缓一点时间才能呈现。因此，日本现在也是在想尽办法，比如 30 年以后的日本以怎样的状态呈现给世界？虽然对于未来的命运，大家都会说海水将来会淹没日本。在这个层面上，中国是更大的体量，同样现在整个世界，包括日本、中国，的确我也认为在这个年代还没有真正地能够把对应这个文化，或者对应这个社会最本质的东西以更新的状态呈现出来。现在整个社会面临的情况都是一样的，但是我相信中国之后的爆发力，我认为中国能够爆发的力量是远远大于日本的。

朱锫：我们最后一个问题。

提问：刚才您的演讲里提到了建筑和城市的合体，关于城市和建筑的讨论在中国当下也是一个热点话题，到底是不是还应该有城市规划，或者到底应该以城市规划为主体，还是应该以建筑为主体？我想问一下，在您的创作和思考中，是建筑思维占主要的位置，还是城市思维占主导地位？谢谢。

矶崎新：刚才我有讲到"建筑"跟"Architecture"的意义是稍微有点错位的。"建筑"这个词一般我们理解的是建筑物，城市其实也是建筑物的一种形式，所以我们也可以这样来看。与此相对的，"Architecture"这个东西并不完完全全指代具体的某种东西，它的概念更加广泛，它可以表达结构、构造等更大范围的意义，它是把结构构造等建立起来形成的一个系统，这个词在英文当中是有这样的一种理解差异的，这是从希腊或者罗马时代就流传来的概念。

所以在思考社会、思考设计、思考建筑时，是从整体当中来使用的概念。您所提到的建筑和城市是在我们所能看到的制度当中的建筑，或者能看到的制度当中的城市，正如前面所说的城市建筑。所以把它们透明化，合体之后才能够成为"Architecture"，并且能够扩展到社会、制度、政治等领域来加以理解，他们在这样的用法上是紧密联系的。所以从某种意义上来说，形成了这样一种文化的骨架，或者它的建构

| 图 51　胡倩为矶崎新翻译

方式。实际的城市虽然还处于初步的阶段，我们以前所提到的这种乌托邦社会等都是我们想要建立的。在中国，我们正在逐步地利用现在的制度去开始进行建构，然后形成实际的案例，我们目前是处于这样一种阶段。所以，并不是说都市，或者建筑占主要位置，而是要同时把这两者有机地联合起来进行思考和实践，这样才是我对这个问题的想法（图52）。

朱锫：由于时间的原因，我们的提问就这样。当然矶崎新先生在他的讲座里，包括回答问题当中，都映射出一种东方的智慧。为了感谢矶崎新先生给我们带来深刻的讲座，我们建筑学院特地为矶崎新先生准备了一个小礼物（图53）。这个作品的创作者是建筑学院课程教授王长春老师，非常感谢王长春老师。

图52　矶崎新回答提问者

图53　朱锫向矶崎新赠送礼物

三、"六十年代以来的建筑运动"研讨会

朱镕（主持人）：接下来这个研讨会希望在矶崎新刚才讲座的基础之上聚焦三个具体的主题展开，这三个主题分别是："六十年代以来的建筑运动""矶崎新与中国"和"矶崎新与当代艺术"，我们将从建筑跨文化实践和艺术批评的角度切入，并且以中国语境为基底立足当代，希望每位来宾从多元的自身视角出发，为我们这场学术盛会带来精彩的思维碰撞。

接下来，我们首先有请张永和先生发言。

张永和（著名建筑师、建筑教育家，同济大学建筑学院教授、非常建筑事务所创始人、主持建筑师）：大家好，虽然我只讲几分钟，我还是有一个题目，这个题目就叫《废墟的理想主义》（图54）。

1985年，我在旧金山的一家建筑师事务所工作，因为那家事务所在金融区，周围停车的地方我都停不起，所以我就在很远的地方停车。其实靠近愚人码头那边有一个免费的停车场，停了车然后走到事务所去工作，大概得走个40分钟的样子。这个路上有很多收获，其中之一就是路上有很多餐厅，有家餐厅的英文名字就叫"US Cafe"，咱们暂时给它翻译成"美国小馆"，大玻璃窗看进去就是一组丝网印的版画，画的就是建筑的废墟。当时我特别被这些画吸引，所以每天上下班经过，我就把鼻子贴在玻璃上，没完没了地看。

当然，有些人可能是很熟悉，马上知道这组版画的作者就是矶崎新先生，他画的这些废墟是他自己设计的房子，包括现在荧幕上的这张——筑波中心（图55），他画的那年是

1985年，我估计矶崎新先生的版画是上半年画的，到夏天的时候就在美国看到了。当时我很被这些版画吸引，很感动，但是我也不知道为什么。

到了1996年，在一次东京召开的关于亚洲建筑的会议上，我有机会认识矶崎新先生了，在那之后也是非常感谢他邀请我参加了很多跟他一起的事情，有展览、会议，我们还一起做过竞赛等，这些事情当然对我来说都是特别好的学习机会。其中一个特别好的学习机会，就是跟他一起吃饭，这事儿整个跟吃有点关系。在离他的事务所很近的地方，就有一家意大利小餐馆，好像厨师是一个作家，这个一会儿请矶崎新先生再确认一下，餐馆里没有什么人，好像每次就是我们俩，进去就点餐，点了餐，厨师就失踪了，大概一个小时之后才出来，所以就给我们创造了长谈的机会。还有一次我也记得，因为矶崎新先生太忙，我们俩进去坐下点了菜，他又回事务所工作去了，再过一个多小时回来，菜也未必上桌。在这个过程中，我其实开始对他的思想有所了解，也就是对咱们现在看的这些画开始有一个认识。

在矶崎新之前，也有建筑师把自己的房子画成过废墟。我给大家看，这张是英国建筑师约翰·索恩画的他自己设计的英格兰银行，他这个画法就跟矶崎新先生不太一样，他好像表现的是一种急风暴雨把建筑摧毁的场景，然后你不会觉得这组建筑再有任何的未来（图56）。可是矶崎新先生的呢，因为是黄昏的颜色，好像更有一种废墟的诗意吧，也可以说

图54 张永和发言

图55 筑波中心1，矶崎新

图56 英格兰银行，约翰·索恩

是废墟里面包含着一种劫后余生的希望。天是蓝的，也很晴，有深深的阴影（图 57）。

所以我似乎开始明白了一个道理：废墟有消极的，索恩的算是消极的；也有积极的，积极的实际上是把建筑的生命给咱们呈现出来。建筑有生，也有死，在这个生命的呈现过程中，就像人有人性，其实把建筑性也在里面表达了，也就是说建筑可以毁掉，但是建筑性还可以延续，甚至还可以发扬光大。所以我当时看了这些画，并没有因此觉得做建筑这个事不靠谱，而是觉得这个事太有意思了，所以我更下了决心做一名建筑师，这是我在画里感受到的。

在过去这些年，回到刚才谈到的很大的话题，如果建筑性能跟人性相比，实际上我自己对人性是很失望的，当然这个事很不可笑。除了矶崎新先生的版画、思想，以及我也在其他的一些场合遇到另外有一些一直保持着对人性有信念的人并受启发，我现在也是努力地恢复我对人性的信心。因为有一点我明白了，实际上如果咱们每个人都对人性有信心，人性其实是有可能重新放出光芒，不是整天像电视上看到的都是一些最悲惨的消息。

对人性的信心，我也发现就是理想主义的定义。所以从这些版画里，我也看到矶崎新先生是一个理想主义的建筑师。

在今天矶崎新先生讲的建筑与城市的合体，讲的乌托邦，我是觉得再一次体现了他对人性还是充满了希望，而且对人类的发展有一个很坚定的信心。当然我不知道我讲得对不对，我这段话呢也是一个问题，他是不是认为自己是一个理想主义者，他对人性有多少信心呢？谢谢。

朱锫：谢谢永和的食物、人性和建筑性。接下来我们请王明贤先生。

王明贤（中国艺术研究院建筑与艺术史学者、中央美术学院视觉艺术高精尖创新中心专家）：我简短的发言就是《矶崎新与中国》（图 58）。先从 20 世纪 60 年代谈起，60 年代日本建筑师群星璀璨，对整个世界建筑发展起到了重要的作用，像库哈斯他们用 7 年的时间研究日本建筑以及新陈代谢派。库哈斯就说："我之所以对新陈代谢派如此感兴趣，是因为它第一次体现了非西方的先锋派如何在美学和意识形态上压倒西方，控制了话语权。"

我又想谈到 20 世纪 60 年代席卷欧美的学生运动，当时在德里达、福柯思想的影响下，学生以及这些青年学者，他们反对柏拉图以来的形而上的哲学，这时候建筑思想真正的革命正在酝酿。像矶崎新和库哈斯对于当时法国的五月风暴都很感兴趣，还有就是对毛泽东的推崇，矶崎新先生也是非常认真地读了毛泽东的著作。所以我觉得这个对于他们未来消极激进的建筑思想都起到了一定的作用。

再说到 80 年代，80 年代中国开始有对矶崎新先生的介绍，《世界建筑》1981 年出版了日本专刊，当时汪坦先生的文章叫作《战后日本建筑》，还有胡冰鹭的《吉城郡神冈町厅舍》等，开始介绍了矶崎新先生。《世界建筑》在 1984 年介绍了矶崎

图 57　筑波中心 2，矶崎新
图 58　王明贤发言

新先生的筑波中心大厦，1987 年介绍了矶崎新先生的美国菲尼克斯政府中心规划方案以及洛杉矶现代艺术博物馆。到 1988 年，《时代建筑》出了一个矶崎新的专刊，出了一些文章以及矶崎新建筑谈话录，还有罗瑞阳的文章《从诗化的建筑到诗意的栖居》，接下来像《建筑学报》《新建筑》和《华东建筑》等都有一系列的介绍。

在汪坦的《战后日本建筑》文章中提到，近十年来，日本建筑已经在世界上获得了卓越的声誉。这篇文章是 1981 年发表的，汪坦先生是中国最重要的建筑理论家之一，他对西方的现代建筑理论有很深的研究。再下来是 1988 年，郑时龄的文章，这是中国建筑史第一篇评论矶崎新的文章，这里面写道："无论是在东西方文化的交融和渗透中，或者在西方文化开拓新道路的探索中，今天的日本建筑都起了领先作用，在众多杰出的日本建筑师中，矶崎新富有个性的创作经过三十年的努力，走出了坚实的路，得到国际建筑界的瞩目，并享有世界性的声誉。"

中国出版矶崎新先生的书是在 1990 年，中国建筑工业出版社出版了邱秀文编译的《矶崎新》一书，这是"国外著名建筑师丛书"的第二辑。这本书选用了英国的一个著名建筑评论家菲利普·德鲁的文章《论矶崎新的建筑》，德鲁认为，矶崎新是位日本知名的建筑师，他积极提倡反现代主义，由于他才智卓越，对学术的新发展动向感觉敏锐，以及在探索 20 世纪 60 年代以来困扰全世界建筑界的一系列重大问题方面给出了具备创造力的解答方案，使他在国际建筑界的地位令人瞩目。我最感兴趣的是矶崎新的建筑与手法主义的密切关系，即他的建筑与 16 世纪意大利手法主义有着不容置疑的血缘亲属般的相似之处。这应该是中国最早介绍矶崎新先生的书。当然接下来还出版了很多矶崎新先生的理论著作和作品集等。因为 20 世纪 90 年代以来，在座的很多人都和矶崎新先生有过很多的接触，他们下面会有更直接的介绍。

我还谈一个问题，就是矶崎新与中国实验建筑。中国青年建筑师都得到了矶崎新先生很大的支持和帮助，像张永和、王澍、刘家琨、朱锫等这些中国建筑师。我就记得在上海双年展上，矶崎新先生谈到中国的青年建筑师，他都非常重视，而且觉得中国的青年建筑师未来肯定会在世界上占有一席之地。

威尼斯双年展国际建筑展是世界顶级建筑艺术展，对世界建筑发展的方向具有举足轻重的影响，中国建筑师近年来也在持续参与，包括张永和的《竹化城市》、王澍的《瓦园》、刘家琨在"民间未来"上的作品以及朱锫的《意园》。当然中国建筑师和矶崎新的联系，下面可以听到更多的介绍。

我还想谈一个问题，矶崎新与中国当代艺术。除了建筑师以外，矶崎新跟中国很多当代艺术家也是好朋友，比如矶崎新跟蔡国强就是非常要好的朋友，我就记得 20 世纪 90 年代在水户艺术中心的展览，矶崎新就邀请了蔡国强参与，也做了很有意思的工作。中国的这些当代艺术家，他们在空间环境上、在东方美学的认知上，跟矶崎新的思想有很多相通之处，蔡国强的艺术充满着活力，震撼人心，书写了大地艺术的奇迹。蔡国强曾在上海当代艺术博物馆做过展览，这个展览当时在黄浦江的两岸都可以看到火药的爆炸，几十公里的天空上就像巨大的水墨画，极其震撼。蔡国强的《天梯》相信也是世界建筑史上极其震撼的作品。还有当代艺术家徐冰的《桃花源》，他认为桃花源的故事是一则隐喻，在这则隐喻中，我们所渴望的理想世界看起来是那么遥远，这是一个面向全球观众的全球性问题。我们也知道矶崎新很多未建成的作品探索的也是关于乌托邦的问题。

还有当代艺术家汪建伟，他持续探索知识综合与跨学科对当代艺术的影响，他的作品跨越了影像、戏剧、多媒体、装置、绘画和文本等领域，矶崎新先生也是一个跨越多领域的建筑师和艺术家。还有当代艺术家邱志杰，他的"地图绘制计划"也是非常有意思。还有刘小东的油画《三峡新移民》，2005年他在三峡地区创作了油画《温床》，后来又做了很多写生。还有当代艺术家朱乐耕先生创立了自己的陶瓷语言系统，并把这种陶瓷语言跟建筑空间结合，创作了具有历史文化内涵的公共艺术作品，而且他喜欢用复数的表现手法，组成了很有气势的作品，形成了很强的视觉冲击力。

现在中国在全球化的浪潮中逐渐变得面目全非，远逝的风景成为记忆，陈文令的作品是在当代的文化情境中反思新的风景形态，产生了意想不到的效果。

当代艺术家吴达新以独特的全球化视角创作了"大鳄"，既有西方工业化的粗犷，又不失东方的禅意，艺术家通过作品与展览场域之间的抗衡，表达了个体在不同文化领域中"文化身份"转化的焦虑。

在当代艺术家丘挺的山水画作品中，既有传统的功力，又让我们看到精神意境和当代的转换。他的展览《丘园养素》引用了北宋郭熙名著《林泉高致》里面的一句话："君子之所以爱夫山水者，其旨安在？"第一就是丘园养素，最后是烟霞仙圣。

还有当代艺术家沈勤以空灵的水墨语言创造了一种神秘的水墨空间，深邃而又虚无缥缈，让人好像进入了梦境，他的水墨画其实是当代艺术的实验，传递了一种东方的文化精神。

我觉得矶崎新先生对中国建筑师跟中国当代艺术家的影响都是很大的，至少我们的艺术家每次走到中央美院美术馆门前就能受到建筑的熏陶。

20世纪90年代，矶崎新先生在珠海附近的南海横琴岛上设计了"海市计划"，那是一个人工岛计划，是一个将现行政治、社会公认的各项制度完全隔绝的世界，也是接近矶崎新乌托邦理念的作品。我个人觉得那是一个古往今来建筑师关于人类未来空间最重要的设计。我觉得现在中国建筑师的设计任务非常多，设计技术也非常好，但是好像关于城市的未来、关于建筑的未来的思考少了，写作也少了，所以我觉得像矶崎新先生这种建筑思想家富有远见的思考应该给我们中国建筑师非常多的启示。

我的讲话到这里，谢谢。

朱锫：谢谢王明贤老师，因为王明贤老师特别在他话语的最后，强调了中国特别在今天这个时刻更需要有思想的建筑师，或者是超越建筑师的思想家，就像矶崎新所做的这样。我们接下来请刘家琨先生。

刘家琨（著名建筑师，家琨建筑设计事务所创始人、主持建筑师，中央美术学院视觉艺术高精尖创新中心专家）：大家好，朱锫让我临时说，我来不及准备PPT，拿手机打了一下草稿（图59）。

读大学的时候，矶崎新先生已经是我们大家的偶像，刚才张永和说的筑波中心还有废墟也是给我留下了很深的印象，当时有点震撼，做建筑还可以这样想，把房子给盖废了。我想起一句诗，我希望接下来胡倩能够很好地翻给矶崎新先生，当年那个时候我还没喜欢建筑，我还在痴迷文学。那句诗叫作"哥特人的头颅碎了更美"，就是矶崎新先生的版画让我想起这些。

我刚才谈到我们读书的时候，矶崎新就是偶像，比如我们一个班毕业以后还有一些人在搞建筑，有些人到了政府当规划局的局长，甚至到政府机关。所以我要说一句，也许矶崎新先生他知道自己直接地、间接地桃李满天下，他可能也知道自己对建筑师很有影响，但可能他不知道他的思想已经渗透到了党政机关。

2002年，我们在上海双年展见面。2003年，我和矶崎新先生共同策划了南京的中国建筑艺术实践展，那个是在佛手湖，到现在还没有完全完工，是个漫长的过程。我也是初次和矶崎新先生合作，由矶崎新先生请国际建筑师，我请国内的建筑师，对于我来说也是全新的一种活动。

我是无主题的，只好回忆一些交往的细节。有一个事情就是，所有的佛手湖地形都划定了，邀请了建筑师，建筑师都在前往中国的途中，突然用地出现了问题，说那块用地不能给四方，不能给陆军，后来又在旁边收了一块地。当时陆军也很惊慌，因为建筑师都在路上了，最后还是找矶崎新先生商量，最终决定不告诉这些建筑师换了地，所以他们过来的时候看见的还是有些湖，有些半岛，还有些水。这个事可能很多人直到现在都未必知道，其实是到了另外一块地上开始了设计工作，但这块地就是现在的地。

2004年，我们和张永和一块儿在安仁策划了建川博物馆聚落，就邀请了矶崎新先生设计日军馆，这时我们想请矶崎新先生是因为他在中国工作很久，又有南京这些范例。业主建川其实比较好玩，他说美国馆我找一个美国人，日军馆我找个日本人，有些噱头。矶崎新先生去了以后，建川就很激动，但是其实又不太知道怎么样接待矶崎新先生。后来我们发现矶崎新先生喜欢美食，喜欢美食的人到了成都这下就有救了，矶崎新先生好奇心很强，什么样的菜都可以试一试，而且兴致勃勃的那种吃法很有感染力，所以让我们重新反思我们已

图59　刘家琨发言

经吃得不厌其烦的那些菜，对我们有所触动。

而且有一个细节我觉得特别有意思，建川因为有了这些噱头，真把矶崎新先生请来了，他很激动地和矶崎新先生讲话，他开始用四川话讲，突然发现听不懂，改成四川普通话感觉好像懂了。我也在那儿纳闷，讲了一大堆，动作又大，手舞足蹈的。完了之后，矶崎新先生起来跟他握手，我们很奇怪，我后来就问，您听懂了吗？矶崎新先生说了一句话，我现在印象很深，他说的我一句都没听懂，但是我很激动。

还有一些细节，本来我写的他，是名充满热诚和批判精神的建筑大师，这个他自己都讲了；一个视野广阔的国际知识分子，这个好像自己也讲了，张永和也讲了；另外一个就是，他是热爱生活、亲切随和的大哥，我是这样感觉的，胡倩像我的老妹，他像我的大哥。

刚才我讲了吃这些，我还想讲一些细节，当时住军阀的公馆，矶崎新先生住的那间房子是没有抽水马桶这些的，建川拎了一个真的木头马桶和一个尿盆子，他就住在那儿住得很高兴；胡倩也住得很高兴，据说那个房子里面顶棚坏了，有蝙蝠飞进飞出吓不到她了，他们真的很随和。还有一次，我们一块儿吃饭，刚刚坐下来，突然又来一拨人，饭馆的人让我们动一动，就拼了一桌，当时我都觉得很尴尬，都很难接受拼桌，但是矶崎新先生觉得无所谓，他觉得挺好玩儿的。

我讲最后几句，大概十来年前，我不记得什么事情，我也曾经像这样致了一个辞，具体什么原因，说的什么我已经忘了，但是真心话不会忘。我记得，我当时说建筑学应该给他更高的荣誉，才能当得起他对建筑学的贡献，今天还可以说这句话，但是有点困难了，他什么奖都得过了。我就判断矶崎新先生是一个快乐的建筑师、幸福的建筑师，我想像他那样，那么热情地去学习、工作，度过一生，谢谢。

朱锫：刚才三位，特别是张永和、王明贤和刘家琨都讲述了他们早期和矶崎新的友谊，实际上矶崎新先生跟中国有着很深的渊源，从 20 世纪 60 年代就开始对中国的文化有所关注，到 90 年代初，他非常敏感地意识到全球资本的东移，开始深入地介入中国的城市建筑，特别是跟中国的这批建筑师、思想家们有着非常深入的交流。刚才张永和从理想的角度，王明贤从他对中国多领域的跨界，特别是对中国实验建筑的推动（大家可能知道王明贤老师是中国实验建筑的倡导者和推动者），刘家琨又从他跟矶崎新的实践进行了回顾。

出于时间的原因，我们现在希望剩下的还有很多，包括艺术家、批评家和建筑师的嘉宾，我们一起走上前台，大家面对观众，开始我们三个主题的研讨，我们请嘉宾上台来（图 60）。

刚才三位中国的学者、建筑家和建筑师做了一个简短的发言，我们接下来请矶崎新先生就上述三位的发言做一个回应。

矶崎新：我应该怎么说呢？我的心情非常复杂，现在还没有想好应该怎么回应。首先我觉得应该先和大家面对面地进行交流，我先向大家鞠躬问好。接下来，我很想再听听更多朋友们的见解，然后我也会尽量去配合，进行回应。

朱锫：谢谢矶崎新先生，可能一会儿他会有激烈的回应。所以，张永和你要注意了。刚才我们谈到今天的三个话题，接下来我们先集中第一个话题，也就是 20 世纪 60 年代以来的建筑运动，我想为了节约时间，我就直接点名，接下来请犀利的批评家周榕教授来做一个发言。

周榕（著名建筑评论家、建筑学者，清华大学建筑学院副教授，中央美术学院视觉艺术高精尖创新中心专家）：我觉得这个题目本身是一个特别有意思的题目，我抛砖引玉先开个场（图 61）。实际上要谈 20 世纪 60 年代以来的建筑运动，我本身并不是专家，但是我想刚才受张永和的影响，虽然我说得很短，但是我有个题目，叫作《中国建筑需要矶崎新这样的建筑思想家与思想建筑家》，这是一个题目。

因为刚才大家都在谈矶崎新先生对于中国的影响，给我一个很大的感触，我突然意识到矶崎新先生实际上对日本建筑的影响远远要小于他对中国建筑的影响，这是让我突然意识到的。甚至我可以说，他可能影响了中国建筑师足足有 6 代人，如果说 10 年为一代的话，至少从"30 后""40 后""50 后""60 后""70 后"，到"80 后""90 后"不知道有没有影响，但是至少我觉得 6 代人都受他很深的影响。

我今天看到央美座无虚席的演讲厅，就想到在 1988 年的时候，清华大学建筑学院刚刚成立，那个时候建筑系也刚刚成立，我们请来两个当时全世界最红的建筑师——一位是 1984 年的普利兹克奖获得者理查德·迈耶，另外一位就是矶崎新先生，但是从当场受欢迎的程度来说，矶崎新先生的演讲远远超过迈耶，给我留下了很大的震撼。

朱锫：当时理查德·迈耶根本没有机会发言。

周榕：对，当时是一边倒的态势，大家都莫名其妙，特别激动，一听矶崎新三个字就浑身哆嗦，然后别的也没太听懂。留下了一个在清华流传了十年以上的梗，就是要做"梦露曲线"，以前我们都把这个曲线叫作"钢琴曲线"，自从矶崎新先生演讲以后，我们都叫"梦露曲线"，就是因为他第一次说建筑的曲线要做得像梦露一样美，就是这个事影响了我们十几年之久，这个梗一直在传播。今天当然同学们不知道什么叫作"梦露曲线"了，但是这个梗被中国建筑师学会了，叫作"梦露大厦"，完全是剽窃了矶崎新先生，我今天澄清一下，原创是矶崎新先生，这是我印象特别深的一件事情。

第二个，我印象很深的就是在 1998 年，国家大剧院评选，因为我是技术组的一个工作人员，我在第二轮全程目睹了国家大剧院的评审。在第一轮的 44 个方案里面，矶崎新先生的方案毫无疑问是冠绝全场的最佳方案，当时我觉得没有任何争议，基本上对当年的中国建筑师来说也是一个启蒙级的，而且当时那个方案如果真能选中的话，在全球也是最领先的一个方案，但是可惜我们跟这个方案失之交臂。当时我看到矶崎新先生第二轮的时候已经改动比较大了，我觉得非

图 60　圆桌论坛现场
图 61　周榕发言

常可惜。国家大剧院那次方案虽然矶崎新先生没有最终中选，但是其实给我们全中国的建筑师上了非常生动和重要的一课，那个也是一次启蒙。基于他之前的筑波中心和洛杉矶的现代艺术中心之后，我觉得国家大剧院是一个非常大的启示。

当然后来 2002 年的时候，跟矶崎新先生认识是参加"未建成"的展览，在老央美的美术馆里面，我们参加的那个论坛是由我主持的。因为第一次看到一个建筑师把自己多年没建成的东西，那些乌托邦的理想，或者失败的竞赛的方案集中在一起，这其实是一个非常大的震撼。我想这么多年过去了，矶崎新先生带给我们的那个生动的印象仍然非常清晰，宛如昨日。

矶崎新先生今年得了普利兹克奖，我觉得刚才刘家琨说的话我特别同意，我觉得到目前为止，全世界还没有一个建筑奖足以能够表彰他对全球建筑界的贡献，对于矶崎新先生来说，普利兹克奖实在是一个比较低的奖，这是我个人的一个意见，我还是建议应该有更好的评价。

我个人觉得从矶崎新先生的工作里面得到三点比较大的启示。回到我今天讲的题，中国建筑界为什么缺少，而且我们特别急需矶崎新先生这样的建筑思想家和思想建筑家，这两个是挺难统一的。

第一点，我想说的一个主题词是"自由"，从矶崎新先生做的这些工作里面，我觉得最大的一个启发，就是他认为建筑的真谛是自由，而不是囚禁。我觉得我们每个人的思想，凡是能坐在这儿的建筑师都有自己的思想，或者自认为有自己的思想，但是其实很少有人能够成为思想的主人，而不是思想的奴隶。很多人说这就是我的思想，不过矶崎新先生的工作告诉我们，即使是你自己的思想，你也可能会成为自己既往思想的奴隶，被自己过去的思想所囚禁。我觉得矶崎新先生最了不起的一点：他从来不会被自己已经有的思想所囚禁，他从来都是自己跟自己搏斗的人，勇士屠龙之后又化身为恶龙，他每一次化身为恶龙之后又变成勇士把自己杀死，我觉得这个是让人特别敬佩的！他就是这样一个真正的勇者，这是我非常感动的一件事情。

一个真正的勇者是不惮于做一株思想病毒的原株，我觉得我们中国建筑界从思想来看太贫瘠、太狭隘了，很少有人能够建立起思想，更没有人在建立起自己的思想之后勇于把自己亲手建起的城堡轰塌掉，然后从一片瓦砾、一片废墟中另起炉灶，建一个崭新的城堡，像孩子在沙滩上垒沙堡一样不断把它踢倒重新建，这个自由是非常了不起的，他作为一株思想病毒甚至都没有想去传染别人，虽然很多年以后很多人被这样的思想所传染。所以这是第一个，自由。

第二个主题词我想是"豹变"。《周易》里面讲："大人虎变，君子豹变，小人革面。"这个是特别重要的一点，那么"君子豹变"就是如何能够根据环境的变化，不断地有新的东西能够产生变化，所以矶崎新先生做的工作其实远远不是说自己为了变而变，他是因为环境在变。今天我中午吃饭的时候听到矶崎新先生在讲他做的郑东新区方案里面留的是自动驾驶，虽然现在我们还没有自动驾驶，现在只能坐电动车，但是他意识到未来的时代是自动驾驶时代，所以地下的一圈是专门为自动驾驶预留出来的车道，他每一次的变化突破实际上是因为时代发生了快速的改变。所以如何能够追上这个时代，能够有一个真的像"豹变"一样——君子像一个豹子一样快速地适应时代的变化，我觉得这个是了不起的东西。所以他的变化速度，甚至他已经没有耐心等待潮流追上他。对于其他人来说，追上潮流已经很艰难了，但是他是没有耐心等待潮流追上他的一个人，所以这个是了不起的。

第三个主题词我想是"生态"，矶崎新先生我觉得最伟大的贡献不是他自己做的建筑，或者说城市这样一个个方案、想法。更重要的是，20世纪60年代以来的，从"新陈代谢"以来的诸多的运动和事件中，不断地冲击以往已有的生态，重组新的生态，包括影响了日本建筑界，影响了中国建筑界，也影响了国际建筑界，甚至像库哈斯这样当年还是新锐的时候也受到了矶崎新先生的大力提携，有一批这样的建筑师。所以我就觉得他是非常清晰地认识到自己作为一个领袖，作为一个共同体的领袖，他是有生态责任的，这时候我觉得需要说我们中国建筑界的大佬，包括在座的，其实在生态责任方面是需要非常认真地检醒自己的，其实大家都没有做到不是光自己个人能够崭露头角，而是让一个共同体能够变得生机勃勃，能够对时代、对人类的文明有贡献，所以我是觉得矶

崎新先生的贡献是对于文明级别的贡献，不仅仅是对于建筑的贡献。

我的发言结束，谢谢。

朱镕：谢谢周榕教授，周教授给中国建筑师猛击一掌，不过1988年那场讲座我也在，你记住了"梦露曲线"，我记得的是一个问号，当时我印象特别深，矶崎新做了一个屋顶像问号一样的建筑，他说为什么会做成这样呢？就是想问为什么要盖这个房子，所以这是当时的一个插曲。

那我们接下来请史建，史建大家可能知道，他编辑出版了《未建成／反建筑史》，在这个之后，他做了一个非常重要的关于矶崎新的系列访谈，把矶崎新特别是在20世纪90年代以后，也包括60年代、70年代、80年代的"新陈代谢"，一直到最后的"海市"城市的这些构想，在他的访谈里做了系统化的梳理，所以我们现在请史建发言。

史建（著名建筑评论家、策展人，有方合伙人）：我们前一段刚在太原有一论坛，周榕是"杀手"，所以在这儿是我第一次听周榕几乎是没有带质疑的口气去赞美一个建筑师，非常难得，是我听他演讲当中唯一的一次（图62）。

然后我想到的是另外一个问题，因为我不下围棋，但我大概知道围棋的战略，矶崎新先生可能是一个超级的战略高手。今天比如说我们只聊一个话题，就是矶崎新和中国的关系，任何一个人都可以从个人的体会当中梳理出来他跟中国之间复杂的界面关系，每个人都能说出很多关系，他跟中国的关

62 | 图62　史建发言

系好像就是说不尽的一个话题，所以我就觉得他内心一定有一个非常大的格局。

我举简单的几个例子，第一个是大概 20 年前，我们在广州美术馆做过一个论坛有一个讨论，讨论"未建成"这个展览，当时那本书还没有出来，出现了很不高兴的一个出版现象，我就不说具体原因，后来他坚持在国内出版的《未建成／反建筑史》，费尽了大量的心血，但只印了一版几千册，就没有再印。大家可能不知道，他本身除了跟当代艺术有关系，还是个作家，那本书中还有他关于"未来城市"的一个小说。我们后来在做"今日先锋"出版的时候，还把他的小说做了转载，他当时很感动，他说在日本这个小说都没有人懂，他虚拟了两个形象——一个建筑师和一个反建筑师的形象，在小说里面互相争斗，是这样的一个文学作品。

那么后来，跟我这条线有关系的是我们做访谈，大家可能看他是一个非常谦和的形象，当时我们在广州做过一次访谈，他跟我谈"未建成"，紧跟着是广州的某大媒体强制要跟他做访谈，记者最后出来以后很悲观地说他完全不配合，很郁闷没有办法完成任务，最后只发了他的访谈，把我的访谈压下来了。后来又过了若干年，2007 年我们在北京给《Domus 国际中国版》做过一个 5 小时的访谈，5 小时长到一个什么程度呢，就是中间吃了一顿饭，吃完饭以后接着做访谈，他始终这么坐着，这里面谈到了中国文化的日本性、中国性，然后他给我们补课，包括我们过去知道唐朝的文化对日本影

响很大，其实宋代的文化建筑对日本的影响更大，里面有一些什么样的影响，那篇访谈后来反响非常大，是我访谈当中唯一分上下两篇的。

仅仅在几个月之前，我们又做了一次访谈，这次是在深圳。深圳的这次访谈对我震撼比较大，我想提前跟他沟通的是想谈谈中国的问题，没想到他从 60 年代开始谈，他就说毛泽东的《实践论》对他的影响非常大，出口成章，当时就给我背了一段。最后他谈了一个不是建筑师的问题，也不是政治家的问题，也不是文化学家的问题，是一个超级的问题。他说从世界大的格局来讲，没想到在这个时代，西方文明已经走到尽头了，中国用了 30 年的时间走了西方几百年的路，这个也是我们大家都想到的。他底下的话很厉害，他说这个时候西方不行了，找不到前途，那么中国在这个时候出现了一个最好的机遇——就是有这种超级的控制力和自己发展的这种惯性，这种惯性还能持续走，这种趋向如果是正常的趋向，或者是一个按照目前这种好的趋向往前，那么人类的未来还是有希望的，他大概做了这么一个表达。当然我们还有其他的交往，我就不再说了。

我从跟他的交往当中并没有感觉到他是一个理想主义，或者是一个乐观的建筑师，其实他是一个非常孤独的人，没有人能知道他在心灵的深处想什么，知道他内在的那种思考，能够真正地理解他。我再举一个例子，在 20 世纪 60 年代反建筑史当中有一个段子，演讲之前的照片当中也有，就是他

在米兰做的一个展览。那是非常前卫的一个展览，是我们国内的建筑师到目前为止起码没有达到的。在中国艺术界，如果把建筑纳入艺术这个领域里面，建筑相对来讲是一个边缘的领域。矶崎新 60 年代做米兰展览的时候，整个日本建筑前卫的艺术界实际上是跟着建筑走的，包括日本著名的、前卫的电影导演，像吉田喜重这样的导演都参与他这个展览，还包括一些前卫的音乐家。但是非常吊诡的是，他这个展览开幕的时候就被米兰的激进分子认为是一个资本主义的文化，给破坏了。我不知道大家开始看到没有，那上面的喷绘、涂鸦都是他们干的。我大概说到这里。

朱锫：谢谢史建。我们接下来请张路峰就这个话题发言。

张路峰（中国科学院大学建筑研究与设计中心）：感谢朱院长的邀请，跟几位前辈相比，我实在没有跟矶崎新先生个人交往的故事跟大家分享，对我来说，矶崎新先生就是从教科书里走出来的人物，我上大学的时候就是 20 世纪 80 年代，我们 80 年代看到的最活跃的那部分内容就是他们的 60 年代，所以已经有了 20 年左右的滞后，我们在接受现代主义之后马上就接上了后现代主义，我们觉得理所当然地把历史主义和民族性这些东西接上了一样。对于我来说，今天就是我跟他离得最近的距离，5m 左右，从教科书里走出来的一个穿越了 50 年的人物（图 63）。

但是呢，我刚才听了他的讲座之后，很受感动的就是他的思想比我还年轻，刚才几位嘉宾也都提到了他的乐观主义，

他当然不一定承认，他的特点就是不断否定自己。这个乐观主义是我们旁观者看到的，对于职业的信心，或者对改造社会、参与社会和介入社会的一种自信，这点我觉得可以给我们当代中国青年一代，或者是像我这种未老先衰的一代有一点启发。

目前在建筑圈里呈现出一种特别消极的情绪，特别是当我们发现市场不再那么热的时候。前几年我们发展的步伐降速了，降速之后最先感到沮丧的就是这些建筑师，觉得好像没活可干了。但是矶崎新先生在 60 年代所面对的情况跟我们现在也是有点像，那其实是一个激变的时代，社会发生了很大的变化，我们这个职业如果不发生变化的话就会被社会抛弃，所以他上次讲座也讲到了建筑师的三个历史角色——一个是作为艺术家，一个是作为工程师，还有一个是作为策略家。我试图在思考矶崎新先生属于哪一种，后来我发现他是属于带有艺术家气质的、具有工程师能力的策略家，这个就是我们当代建筑师所应该具备的一种职业取向。因为我是在学校里面，在教学中也是时常要思考我们到底在培养什么样的人，这些人将来走到社会上要做什么样的工作，包括矶崎新先生上次在央美讲的对于"建筑是什么"这个最本质问题的思考，从词汇本身的意义，从词汇所代表的东西方不同的含义入手，这些其实都是我们这个职业有趣的地方，因为我们做了这么多年这个方面的实践和研究，却不知道它是什么。

刚才史建老师说矶崎新先生不一定是一个乐观的人，他

图 63　张路峰发言

可能是一个比较孤独的人，但是我觉得矶崎新先生是一个有危机感且乐观的人。可能这跟日本的社会情况有点关系，就是说，日本的社会始终有这种危机感，而我们中国的这种危机感不是很强烈，或者始终会弥漫在一种乐观情绪里面，容易失去斗志，所以我觉得矶崎新先生也是在向我们中国的建筑学者和建筑界传递一种信念，一种从五六十年前穿越了现代主义和后现代主义阶段的职业建筑师可以操作、可以实践、可以参与的一种动力。我作为一个 20 世纪 80 年代读书的人，在教科书上给我印象比较深的就是筑波中心，感觉像是在讲一个故事，那个建筑非常感人，后来我去现场看了，也理解了在那样一个新城里面有这样一个伪历史场所有多么重要，也学习到了用建筑来讲故事的一种技能。今天也是非常荣幸，在这儿跟大家分享一些个人的体会，谢谢。

朱锫：谢谢张路峰，我们到了讨论的环节，刚才我谈到特别是 20 世纪 60 年代以后的建筑运动，刚才三位都不是建筑师背景，都是学者和批评家的角色，我觉得他们实际上有一个共同点，他们都对中国，特别是建筑师在一线，在建筑事务所从事的工作提出了很明确的批评，也包括共同体生态，也包括建筑的艺术性问题，也包括张路峰老师谈到从建筑师、工程师一直到策略家。

接下来我们请大家进入一个小小的讨论环节，请矶崎新先生，包括张永和、王明贤、刘家琨等在座的各位可以展开一个回应和讨论（图 64）。

矶崎新：听了刚才各位的发言，有很多地方我是非常有同感的，现在我也是非常感动。

我也想要补充一句，我自己其实也并没有完全地理解自己，不只是自己，还有世界上各种各样的事物我也还没有完全理解，但正是因为这些不理解，我才能够不断想办法用设计去理解、去表达自己的感想。有时是以建筑设计的形式，有时是以城市设计的形式，也有时是以装置设计的方式来展示，只是这样而已。而我所做的工作都是根据每个时代给自己提出的一个问题，然后自己针对这个问题进行探索。所以从这个意义上来说，其实我是将一种未完成的形态展示给了大家，而对于这些未完成的形态，各位都有各自不同的理解，而我自身经常也是在反省的过程当中，在一种有批判意识的观点当中来反思自己，重新审视自己的作品。

我一直以这样的方式工作，而我的这种方式被大家完全看到了并且都有了各自深刻的理解，我觉得非常的感动，也觉得很开心，刚才我所讲的并没有修饰的部分。我也只是比大家年长几岁，其实我不了解的东西，我未曾有过的经验也有很多，当然我也曾去世界上的很多国家考察过，在其中也发现了很多新问题，各位在讨论的过程当中，我想我能够针对各位提出的问题、提出的思想来做一些点评，或者提供一些我自己的想法。我也希望能够从各位那里听到各种各样的见解，以便我也能够提供一点我自己在这方面的想法。

朱锫：看看其他各位，王辉就这个议题有什么想说的？

图 64　矶崎新回应发言，左起为刘家琨、朱锫、矶崎新、张永和、王明贤

王辉（著名建筑师，都市实践设计事务所创始人、主持建筑师）：我想问一个问题，我特别希望矶崎新先生能对我想了半天的这个问题给一个比较清晰的答案，就像当年你照着梦露的曲线直接画建筑的平面一样（图65）。

矶崎新先生在上海做喜马拉雅中心，在北京做了央美美术馆，我觉得跟另外一件事情很相似，经常有人说这么一个笑话，觉得北京的鸟巢应该在上海，上海的世博会中国馆应该在北京，这怎么说呢？通过解读今天的讲座，这让我非常吃惊，因为我觉得矶崎新先生始终保持这种宏大叙事的情绪，甚至是胸怀。这种胸怀从20世纪60年代革命开始坚持到现在完全能理解，但是今天还能见到从60年代活跃到今天的老一辈先锋大师依然精神矍铄地站在这里跟我们做一个半小时的讲座，我觉得非常难得。比如说上海有很多人喜欢日本人，比如喜欢筱原一男，但是我觉得北京人民应该喜欢矶崎新，因为跟我们这个宏大叙事的传统更有关系。

我想问一个问题，因为我觉得宏大叙事是跟传统的儒家文化有一定的关系，在儒家文化里面一直有"家国天下"这么一个序列，哪怕做很小的事情都要把自己的胸怀放到很大的视野里面。在这一点上，中国特别可惜，可惜在什么地方？因为我们今天丧失了真正的宏大叙事的胸怀，这个问题其实像库哈斯这样的人看得很清楚，所以库哈斯和汉斯·奥布里斯写的那本 *Project Japan*，我也不知道中文应该翻译成"日本计划"还是什么，那里面他高度地赞扬新陈代谢，就是现代主

义运动之后唯一的一个运动，这个运动是发生在日本，而且是由日本当时的更老一辈的丹下健三和矶崎新先生这辈人发起的，他借助了三个国际上的事件——一个是奥运会，一个是世博会，还有一个是世界设计大会，这三件事情在二三十年以后的中国都发生了，我们有了奥运会，我们也有了世博会，而且我们的世界建筑大会当时也很隆重地举办了。中国也经历了自己轰轰烈烈的运动，但在轰轰烈烈的城市运动过程中，有谁提出过一个城市理想？甚至超越了矶崎新的那个岛，那个岛本身也是发生在中国。但是中国建筑师有谁站在这种情怀上去想这个事情？站在乌托邦的情怀上去想这件事情？所以我觉得这是中国建筑近20年比较可悲的，虽然说涌现出许多在座的优秀的设计师，但没有形成伟大的中国建筑，所以我特别想就这件事情请矶崎新先生做一个评论。

张永和：王辉你可能不知道，大约在2007年，矶崎新先生在北京做过一个讲演，那个题目叫《为什么我爱北京，而北京不爱我》。

王辉：正好我觉得也是同一个问题。

矶崎新：该怎样来回答这个问题呢？我在想怎样能把这个问题说得很清楚，您的问题当中其实有很多的细节，真伤脑筋呀，能不能让我再思考一下？您提的问题太难了，我现在还需要先把它做一个摘要和消化，您提的这个问题是比较大的一个问题。

王辉：现在在日本建筑界还有像您这样的建筑师吗？

65 ｜ 图65 王辉发言

矶崎新：这个问题是不是由别的评论家来回答比较好？

朱锫：我们希望您来回答。

矶崎新：我还是回答一点别的内容吧。对我而言，比起日本，通过中国的汉字来理解哲学，或者文学，其实在我孩童时代接触得更多。作为一个日本人，虽然我是在讲日语，但是就我自己家庭的成员而言，大家看的很多都是汉文的书籍，也有做过汉文老师，我的父亲是在中国的大学读书之后才回到日本，并且生了我。

虽然我是在日本成长的，但是从中国间接受到的影响是非常多的。在我的成长过程当中，在读日语的时候，我当然也学到了日本的一些东西，但是我发现它的源头都是来自于中国。于是对我来说最难的一点就是，虽然我是在日本成长的一个日本人，并用日语跟人交流，却受到了中国文化非常巨大的影响。但在我来中国之后，我却发现在日本所学到的东西在中国已经找不到踪迹了，反而中国有了一条自己独特的发展道路。在这样一种过程当中，在 20 世纪 80 年代，即便我对中国非常感兴趣，但是我无法与中国有非常多的接触。虽然我的父亲他们都在中国生活过，他们那代有很多在中国生活的，他们都是用汉字在书写，我是长在这样一个家庭的。

因此，我觉得中国有着一种神秘的文化和文明，于是相当憧憬。而在日本，对于我周围所处的日本文化来讲，我虽然是接受了这种文化的影响而成长起来，但是它并不是一个

本源性的内容，有些是自然产生的，而另一些不如说都是从中国传过去的，这是一个非常复杂的关系。其中有我喜欢的一部分，也有我不太喜欢的一部分，两方面的内容，有喜欢的也有讨厌的，其实也是存在着矛盾。在这样一种环境之下，我自己不断地思考成长成人。最后在工作的时候，我总算能够来到中国，是这样一种状况。在这种意义上，在我学习实际的建筑、艺术、文学等这些内容之前，中国和日本的关系其实已经在我的内心埋下了一个种子，我自己没有意识到，但是我身体里已经存在了这样一个种子。

随着时间的变化，我应该怎样地来把它给明确表现出来呢？在日本经历了比较悲惨的核爆之后，比如说广岛原子弹，那个时候我已长到了一定的岁数，受到了很大的冲击，而那些记忆又成为我生活当中另外一个层面的体验。并且在我的工作过程当中，特别是 20 世纪 60 年代，国际上的很多人和艺术家从外国来到东京，找到了我的这些作品，这个部分又成为我记忆当中又一个新的层面。这些都是我能够独立完成工作之前就形成的好几个层面的记忆，有我父亲的影响，有中国的影响，有广岛的历史记忆，还有美国的文化，或者欧美的文化影响。

在多层的记忆当中，我逐渐进入能够独立工作的阶段，这是一个非常复杂的过程，不是一个能够简单概括的内容，我就是在这样一个过程当中逐渐开始我的工作的。而且在工作当中，对我所关注的各个领域，我都想把这些领域的内容全

部消化，转化为自己的内容，同时希望自己对工作能够有真正的自信，但是我经常并没有这么足够的自信，总处于一种比较不安的状态。我自己虽然做了很多工作，也有了很多作品，但经历这个过程已经是我工作的一部分了。

之后我来到中国，我既要了解日本的各种内容，又要研究中国相关的各种内容，在这种环境之中，记忆深层的一些已经扎根的幼苗又重新生长起来了。其中我特别关注的一点是在全球的各种文化当中，有各种各样的分类，成为人类的共同记忆。但是其中最为促人思考的，对我来说还是中国发明的汉字，比起语言来说，我认为文字对我影响更大。我们都用的汉字，汉字对于人来说其实是一种逻辑，在逻辑的基础上成立的一种文字，在这种基础之上，当我们忘却了这个文字时，潜藏在深处的印象还是存在的，它是潜藏在文字下面的一种形象，我一直将这种形象作为一种启发，或者线索。基于这种形象，我在不断地创作自己的作品——画作和设计。而它们其中的关系对现在的我来说是最为关注的，相当于说，这里面经过了多层的过滤。在此期间，我有很多错误和疲惫的时候，也许我犯的很多错误已经是我的作品了，没办法我只能够接受它。在自身不断思考的过程中写了很多书，做了很多设计，但在其中并不存在一个能让我对其进行清晰说明的内容。

在不断思考的过程当中，在中国这样一个巨大的国家，城市又产生了各种各样的形态，哪个城市是中心？哪个又是城市的边界？现在中国进入的是这样一个阶段，我不太清楚其他国家，当然每个国家都是有自己不同的问题，但在我看来，这些问题将逐渐变得具体起来。我们可以亲眼看到中国新的城市诞生，同时也有新的文化诞生，这些都是在短短的十几年之间我们亲眼看到的。我已经是这个年龄了，土已经埋了大半截，我还能看到中国的多少变化呢？我还是非常希望为大家的工作提供更多的帮助，更多地做出我的贡献，也是希望我在工作的过程之中，可以学到更多新的东西，比如我还想学到更多关于文字的逻辑，文字逻辑之中所蕴含的文化，为什么文字是这种构造，对于我的建筑哲学有什么样的启示，这些都是我想进一步学习和探讨的，这个也是我最大的心愿，只要学到了这点，我就不会有任何遗憾了。

这些是我目前所思考的，谢谢大家。

朱锫：实际上刚才矶崎新先生已经把我们的话题带到了特别是他跟中国的这样一种关联，就是从 20 世纪 90 年代初就开始，我想接下来就这个话题先请李兴钢谈一下。

李兴钢（中国建筑设计院有限公司总建筑师、李兴钢建筑工作室主持人）：我想就简单讲一点我自己跟矶崎新先生有关的一点经历（图 66），一个是在我们的学生时代，我们也是很崇拜矶崎新建筑师，觉得矶崎新矶工老是能出奇出新，而且矶崎新这个名字也很像是中国人的名字，我自己有两个学生时代的设计都是模仿矶崎新的作品，因为学生时候只有喜欢这个建筑师，感兴趣，才会模仿他的设计：一个是大三的火车站设计；还有一个是日本《新建筑》组织的设计竞赛，模仿了矶崎新先生悬索结构的建筑，他当时是隐喻性器官住宅的设计，我们也觉得矶崎新那个时候还有一些叛逆的思想，很符合年轻人的心态。

另外一个经历是1998年的时候，我和我们院参加了国家大剧院的国际设计决赛，我们是第一轮入围的五个设计方案之一，五个方案里就有矶崎新先生的方案，当时虽然我们的方案也入围了，但是看到矶崎新先生的方案非常震惊和钦佩——白色的屋顶应该是混凝土拱壳的结构，拱壳是自由的隆起，下沉到地下空间变成采光体，红色的外墙。这个屋顶和红墙既跟天安门广场地区建筑的形象和色彩有关联，同时又是一个非常当代的、非常自由的一个建筑，所以非常地震惊。

我自己内心觉得矶崎新先生这个作品应该最后胜出，当然最后结果并没有，听说是因为当时中日关系不好，选哪个作品也不会选矶崎新先生这个作品，这是我自己当时的一个经历和感受。

最后简单讲一点，我对矶崎新先生的一个观感，矶崎新先生在我看来，他是最不像日本人的日本建筑师，他是非常国际化的建筑师，或者说他是属于人类的建筑师。另外一个，他的思想和实践不断地随着时代而变化，有新的思想、新的实践、新的智慧，所以我觉得他是一个属于人类和时代的建筑师，而不是属于某一个国家，或者某一个时期的建筑师，谢谢。

朱锫：非常感谢，接下来请童明。进入第二个问题，矶崎新先生对于中国的影响。

童明（著名建筑师，同济大学城市规划系教授，童明建筑事务所创始人、主持设计师）：我觉得矶崎新实际上对中国基本上没有什么影响，或者说是些许的影响，我很抱歉这么说（图67）。当然我之所以说是些许的影响，是在于我们在进入建筑系的学习之前就已经开始接触到矶崎新先生了，和刚才李兴刚讲的一样，我们从一开始的建筑初步画素描都是临摹矶崎新先生的作品，做方案也都是抄袭矶崎新先生的作品。

我想这个肯定不是说是一种影响，因为我们知道矶崎新先生实际上是作为一个反叛的建筑师出现的，他跟丹下健三是不一样的。同样作为一个日本建筑的形象代表，丹下健三是作为一个代表体制、代表国家的建筑师，矶崎新的历史角色是作为一个反的作用来存在的。比如说我当学生的时候记忆犹新的是东京市政厅的竞赛，丹下健三他们出的这个方案是一个后来建成的高层建筑，但是矶崎新先生他所提的方案就是把整个市政厅全部打开作为一个市民可以随意进入的公共场所，我想这是解构性的。所以他在我的心目中，实际上一开始是作为一个后现代主义的代表，甚至是解构主义的代表，在我个人的记忆里面永远存在的形象。

我曾经有一次听到有个日本老师讲当时大阪1970年的世博会，我听了之后非常触动，大阪世博会被视为跟北京奥运会、上海世博会一样的，作为一个国家崛起的事件。大阪世博会又是日本头一次采用核能发电来进行供给的事件，矶崎新先生

图66　李兴钢发言
图67　童明发言
66　　67

是大阪世博会主要的规划师之一，场地中间有一个太阳之塔，一到晚上就用核电发出的光向四周进行照射。当时这个日本教授就讲这是多么大的反讽，日本的现代化是建立在过去苦难的基础之上的，它曾经遭到原子弹轰炸，而到了20世纪70年代的时候，就开始已经完全站在这个伤疤上继续往前进发，我当时听了之后觉得浑身一震，如此之大的批判性，或者一种反叛力量，我觉得这可能只有在那个年代由日本的建筑师才能够做得出来。

从这个意义上来讲，我觉得中国的建筑师第一个没胆，第二个也没有可能，以他的建筑或者思想作为社会批判的机制，参与到社会实践中间去，就像史建老师调侃周榕一样，我们最犀利的批判家到今天都是恭维了，这是我们整个建筑界里面我想说明的一种状况。当然矶崎新先生在20世纪六七十年代领袖的角色可能是有当时的时代背景，如果按照刚才第一位提问的朋友的观点来讲，中国和日本之间有30年的波谱差距，到今天我们也的确碰到了瓶颈性的时刻，但是当我们打开的时候，我们从日本接触到的是比较卡哇伊的建筑，对我们中国来讲是比较小清新的、甜滋滋的、细腻腻的那些作品。所以这个我想可能是值得去反思的。

我的结论是矶崎新先生对中国并没有产生非常大的影响，我讲的是他的本色。但是相反，他却接受了大量中国的影响，这可能从刚才没有解释的郑州龙湖新区，以及其他很多的项目上面也能够看得到，当然这个可能也是一个比较有意思的

现象和问题，因为我们刚才可能没有注意，或者说去回答第一个问题，20世纪60年代以来的建筑运动到底是什么？我个人的解释，60年代以来最深刻的变化是乌托邦的垮灭，可能不同于刚才老师讲的生态主义运动这件事情，生态主义运动本身也是一种乌托邦，那么就是说乌托邦运动的垮灭作为现代主义运动的一个主要标杆的话，在它之后就没有理由再去建立乌托邦了，这可能就像刚才周榕给矶崎新先生所描绘的那个画面一样，它是不断地反偶像的，甚至连自己的偶像都在不断地去敲碎的过程之中。

所以如果这样讲的话，我可以回答刚才刘家琨老师提到的，我们建筑界实际上欠矶崎新先生一个称号，我觉得他是60年代以来建筑运动的化身。

朱锫：非常感谢。时间的原因，我们直接请华黎。

华黎（著名建筑师，TAO 迹·建筑事务所创始人、主持建筑师）：我看了一下台上，我好像是最年幼的，我肯定没法像张永和和刘家琨一样说出那么多轶事，我就说一点感想，我刚才给我的感想也起了一个题目叫作"废墟与信仰"，还有一个副标题叫作"革命与恐怖主义"（图68）。说到废墟，刚才张永和也说到废墟，矶崎新先生的废墟带来一种很强烈的意识，很有意思，还有一个建筑师也跟废墟有关，就是路易斯·康，在路易斯·康的废墟和矶崎新先生的废墟里面，其实我看到的是相反的两种态度，而且我这个观察跟刚才张永和老师的观察也是相反的。在我看来，废墟是矶崎新先生反叛的一个

图 68　华黎发言
图 69　陈文令发言

象征，或者说一个符号；在路易斯·康的废墟里面，似乎还想传递一种对建筑里面的永恒性，或者某种持久价值的信仰。

所以我的体会就是这里面传递出一个问题，当用废墟去反叛某一种东西的时候，我们是否还存在后面的信仰？这个就带出了革命和恐怖主义的话题，正好前一段我去上海的 PSA（上海当代艺术博物馆），有一个关于法国哲学家鲍德里亚的摄影展览，很有意思的是，他有一个头衔是"哲学界里的恐怖主义者"，就是因为他用很解构的思想去颠覆很多的观念，如果做一个类比的话，周榕可以说是我们"中国建筑界的恐怖主义者"，随身带着"手雷"，时刻要去颠覆，或者说破解。

我觉得这里面有一个问题，就是革命和恐怖主义的区别，在破坏以后，我们还要建立什么？像乌托邦可能也是我们要建立什么，但是如果是持续的一种颠覆，乌托邦本身也仍然是要被消解的一个对象。去年我在深圳遇到矶崎新先生，我问了他一个问题，说您是否还相信乌托邦？我记得当时他的回答是"相信乌托邦"，但是今天我有一个体会，我感觉矶崎新先生是不相信乌托邦的，他实际上也是在不断地消解以往，在这个鲍德里亚的展览上有一句话我觉得说得特别有意思，我想分享给大家——"真相是我们必须要摆脱的一种东西，它就像疾病一样必须要传给别人，谁保留了真相，谁就是输家。"特别有意思的一句话，谢谢。

朱锫：非常感谢，因为时间的原因，突然每一次学术活动都有这种紧迫感，我们特别请了中国非常优秀的艺术家，刚才王明贤老师开了一个头，我们请陈文令先简短说一下。

陈文令（建筑艺术家）：其实我对建筑是一窍不通，我只能作为做雕塑和装置的艺术家说几句很表面的话（图 69）。我刚才听了张永和先生讲矶崎新先生的版画，我看了是特别惊讶，我发现跨界其实是这种重要的日本建筑师的常态，不是一个议题。我们中国人容易说，这个人跨界要了解当代艺术，我发现他就是懂当代艺术，我刚才听他说懂文学，还有我看他介绍里面还说他懂设计、音乐、戏剧，而且我看他活得这么成功，还懂养生，我觉得他作为一个大师的生命观和学术观让我们很有启示，我们中国很多人不知道他们天天都在跨界，所以他们不知道跨界。这个对我的启迪最大。

另外一点，刚才张永和先生放的他的版画里面有一个追问，是对于人性的信心。我从矶崎新先生的画里面，我看到他是一个对于生命充满绝对悲观主义的乐观主义者，他是一个很懂悲观主义的乐观主义者。我从他的画看到对人性的信任和希望，这点看得特别感动，这是我作为艺术家很直观的感觉。我想给他一个可能很不恰当的定义：好艺术和好建筑以及好建筑和浪费的关系。比如你看他的版画，他的版画里面没有一间房间是可以用的，每一间都是废墟，表面看起来窗户只有一边，墙只有一堵，网上定义矶崎新先生是一个富有浪漫诗性和批判性思想的一个大建筑家，我觉得这个浪漫诗性应在他的一种艺术观、建筑观中扮演很重要的角色。他刚刚讲到他的梦露曲线，说梦露曲线比直线浪费，成本更高，包括有很多好的艺术其实跟浪费也是有点关系的。其实有时候非常诗性、非常奢侈、非常浪漫的建筑，跟浪费也是有一点关系的，包括看了中央美院的这个建筑，口碑还不错，如果没有那两条线，那两条大斜坡，直接进到楼梯里面来看美术馆，我觉得这个建筑的神采就失去很多。我觉得所谓的好建筑还是潜力化的一种文明的生态，中国现在需要这样的建筑，还需要为普通老百姓不浪费、不奢侈、低成本，又能够为普罗大众，甚至很普通的民工做的房子，里面看起来也特别的艺术，特别有腔调。这是我作为一个外行随便胡说八道的，谢谢大家。

朱锫：我们接下来请朱乐耕教授。

朱乐耕（著名艺术家，中国艺术研究院文学艺术创作院院长、教授，全国政协委员）：这是第二次看到矶崎新先生，第一次是 2010 年在上海，一起吃过一顿午饭，我的印象是矶崎新先生后面有一个辫子，这个辫子挺神气的，这次我看这个辫子更矜持了，更有趣了（图 70）。我是非常喜欢矶崎新先生的建筑，当时因为他做喜马拉雅中心，我去了好多次，一直看喜马拉雅中心的建筑，我感觉矶崎新先生的建筑有东方的情调，有东方的境界，而且有自然主义的很多色彩在里面。我还喜欢另外一个西班牙建筑师高迪，当时纽约在做摩天大楼的时候，他在做自然的建筑。这两位自然主义的建筑师我都特别喜欢。

我们在分析矶崎新先生的建筑时，实际上我们想到他的建筑有东方的形象，而且还有很强的现代性，这可能跟日本人的生活有关系，日本在工业革命以后保留了自己民族文化的东方情调，跟我们中国有很多渊源，但是他的建筑又有发展的现代性在里面。中国在现代化的时候，在工业化时期，我们把传统文化中的传统生活看成落后的东西给淘汰掉了，进来了很多现代的东西，而矶崎新建筑里面有很多日本原生的自然文化和自然的情调。我不是建筑师，但是我是一个凡间艺术的艺术家，我做了很多建筑空间的艺术，我在清华大学做过讲座，题目是"在建筑空间中生长的艺术"。矶崎新先生的建筑实际上是生长的，有生命的，而且这种生命感觉是很崇高、很伟大的东西，我也希望我们的东方文化艺术在当代有一种现代的表述。我的发言完了，谢谢大家。

刘家琨：我帮矶崎新先生回答一下刚才王辉的问题，就是没有。你刚才问的日本还有没有矶崎新这样的建筑师吗？没有。

张永和：其实王辉你那个问题有意义，也没有意义，关于是不是现在还有矶崎新，下面日本还能产生好建筑师吗？我觉得实际上是这么一个问题。

周榕：我特别同意你这个，我就是觉得日本建筑肯定是完了。

朱锫：我觉得没关系，永和，我相信矶崎新也基本认同。正好请方振宁说说。

方振宁（著名独立策展人和学者、艺术家、建筑师、艺术批评家）：我是在日本时间比较长一点，我今天想补充刘家琨的这个说法，我谈一些跟矶崎新的交往和在日本他是什么地位，或者说对日本的影响（图 71）。

70 | 图 70 朱乐耕发言

　　应该说印象比较深的就是那次张永和 2000 年到日本，他策划一个"革命的游戏"展览，那次矶崎新把张永和请去了，就接触多一些。但是我今天的感受有几点，矶崎新他讲了自己的性格中有很多重叠的东西，也互相覆盖、互相启发。第一点，20 世纪的世界建筑史如果没有矶崎新就不是这个格局，我为什么这么讲呢？有的人说到矶崎新，可能谈到他的建筑设计，说我不喜欢他了，我喜欢石上纯也或者筱原一男，喜欢很多年轻的建筑师。但是我有一个很深刻的感觉，好像美院做了一个活动，有库哈斯很多人参加的一个讨论，我从来没有看到过库哈斯是那样低着头在听矶崎新说话，我见到他所有时候的头都是昂着的，我突然发现在库哈斯面前，矶崎新是一个长者，他有点像印象派的毕沙罗，毕沙罗是最年长的、最好的一个老头，他也是一个伯乐，启发了很多艺术家，肯定像什么修拉、莫奈、塞尚都去找他问，我这画行不行啊，毕沙罗说可以，然后就继续画去了。我觉得矶崎新就是这么一个长者。然后为什么说世界格局不是这样呢？如果当年矶崎新不把扎哈香港投标那个方案从垃圾桶捡出来，就没有后来的扎哈，很可能就被埋没了，因为她是黑马，可能过五年、十年还会出来，但是最早发现她的是矶崎新，这是第一个。第二个，伊东丰雄仙台媒体中心那个方案中标是矶崎新投的票，以前大家都没看好伊东，可能不是他，可能是青木淳，而因为这个方案，伊东丰雄得了普利兹克奖。第三个，大家知道横滨国际货运码头，矶崎新是评委，他定了西班牙和英国这两个一对，这两个人刚开始去耶鲁大学的时候连电脑也不会用，在西班牙很穷，没有见过电脑，所以在学校里学了电脑，可以说是世界上最早、规模最大的参数化设计，当时中标之后好几年盖不起来，因为没有人会做这个结构，最后找了做船的工程师做了这个结果，那都是 5 年以后的事情了。当时筱原一男还活着，他很不高兴，他的意思就是觉得他应该中标。所以矶崎新呢，可以说他没有民族性，按照一般的操作，应该把这个大的项目给日本建筑师，所以他也得罪了很多日本建筑师。这三个建筑影响了世界，也影响了很多人，特别是扎哈，这是第一点。

　　第二点，他根本是个左派，到今天他都 88 岁了，还在战斗，不向商业妥协，我们知道他做四川的日军馆，他认为自己不是日本建筑师，而是一个国际建筑师。关于这个评价我就不说了。第三点，他可能是我知道的全球建筑师里面读书最多的，他的所有论点、观点都是来自他的书。每年夏季的时候，他有一个只有 $4m^2$ 的小房间，$4m^2$ 在中国根本就不算什么，四壁都是书，有一个小门，就是几个台阶很窄，一只脚能踏上去，他就在这里面读书、写作。在日本书店的书架上，矶崎新的书是最多的，这是不可否认的。当然，后来安藤忠雄也赶上了，还有很多人都一排一排地写，大家都觉得传播很重要。

　　最后说到我自己，我现在在美院教课教了 10 年，其中有一门课讲维特根斯坦的建筑，这个书就是矶崎新翻译的，我才

图 71　方振宁发言

知道维特根斯坦还做建筑。我在日本看了这个书，回国之后教这个，我去到维也纳找维特根斯坦的房子，都是因为看了这个书。另外一个例子是，我是中国唯一一个上了卡普里岛的人，就是受了矶崎新的启发，我看画册里面有一个人从岛上面走下来——就是矶崎新，然后画了个水彩。我当时很羡慕，我想我一定要去这个地方，所以我按照他这个榜样就去了这里。这里面还有很多的原因，包括戈达尔拍的电影，后来我教学生一定要看这个地方，我的学生利用交换生的时间拿了这个东西就去找这个岛，你看这就是传播的力量。当然他还有很多研究，包括对法国建筑师勒·柯布西耶也比较崇拜。这些建筑的研究是矶崎新率先做的，所以我觉得矶崎新的功劳应该说他在很多层面给我们影响。当然，还有最重要的一点，就是反叛性，这个我觉得中国建筑师里面一个都没有做到，包括王澍，也不能像矶崎新这样反叛。反叛了什么呢？新陈代谢是公认的，另外我们都崇拜柯布西耶，他们都反对，我们还搞柯布西耶研究会，怎么还能反对，提出质疑呢？可能日本建筑师是最早提出质疑的，就是对于建筑的系统标准提出质疑。刚才我们谈到很多，包括王辉提到这个，矶崎新很婉转，没有回答，为什么中国没有产生这个，这个是我们自己要反省的事情。

最后一点，就是今天他放这个PPT，有些事情我们从来不知道：比如说他是丹下健三的助理，做了东京的填海计划，这个我不知道；第二个，路易斯·康死了，让他协调路易斯·康

的方案和丹下健三的方案。这个我原先不知道，我就知道24岁的时候他就登上了 *Domus* 的封面，我当时就觉得太不容易了，我也看过蓬皮杜收藏矶崎新新陈代谢时代的那些模型，他是在亚洲建筑师里面最早被收藏的。

我就谈这些我所知道的矶崎新。

朱锫：非常生动，谢谢，我们请吴达新。

吴达新（建筑艺术家）：我不是搞建筑的，我是做艺术的，我本人也在日本留学了多年，矶崎新对于我来说是很伟大的建筑师，我今天听了他的讲座以后，有一点他太谦虚了，我必须纠正一下，他一直说中国给他很大的影响，包括现在（图72）。但从我个人在自己游学的经验当中，中国跟日本之间可以分成三个阶段。第一个阶段是古代的时候，中国影响日本，日本在唐宋时期派了很多留学生学习中国的文化、语言、文字，把这个带回日本，形成日本的文字和语言。第二个阶段，在近代，其实是日本影响中国，田中首相在访问中国的时候说到，有两个和尚对中日关系影响非常大——一个是鉴真，一个是李叔同，也就是弘一法师。鉴真是在唐代把中国的文化建筑跟整个艺术样式带到了日本；那么李叔同是在1911年去了日本东京艺术大学读书，他把日本的油画跟日本的戏曲、歌曲带回了中国，这是日本对于中国的影响。第三个阶段，应该是20世纪70年代，日本出了很多的大师，包括小泽征尔、黑泽明、川端康成这些。因为这个跟日本的整个经济复兴有关系，日本这个阶段是很重要的，包括中国很著名的电

　| 图 72　吴达新发言

影导演张艺谋也受到了黑泽明很大的影响，之后他在做电影时，只要黑泽明用过的所有人员他都不用面试，直接就用了。

在近代的时候，刚才有一个学生提到了，中国曾经落后了日本30年，在我看来没有30年，中国通过改革开放以后，经济、文化上进步非常大，跟日本的差距越来越缩小。现在我们提到一个问题，包括矶崎新先生对中国建筑的影响。因为我在日本的时候，我非常喜欢日本的建筑，我也希望说有朝一日在中国的大地上能够有这样的日本建筑，因为它从文化的背景上来说更适合中国，现在在中国的大地上，有很多日本的设计师活跃在中国的建筑界。我想提到另外一点，我在日本留学的时候，日本曾经提到过中国是东方文化的创造者，但是日本是东方文化的守护者。我们从近代可以看到，莫言在得到诺贝尔文学奖之前也是日本人先认可他，给他发了一个广岛和平奖；蔡国强先生在去美国之前，曾经在日本创作，而且工作了很长一段时间，在这期间，他也跟日本很多的艺术、建筑以及服装设计大师建立了很深厚的友谊，包括矶崎新先生。我在日本留学时，曾经见证了蔡国强先生和三宅一生有过一次很好的合作，三宅一生当时在设计上遇到了一个瓶颈，就找了老蔡和他合作做一个项目，他设计了100件服装，蔡国强在他的服装上进行了火药的爆破，从此以后开启了三宅一生跨界合作的先例。今天听说矶崎新和三宅一生也是好朋友，我也想问，今天您穿的服装是不是也是三宅一生设计的？

矶崎新：非常遗憾，这是阿玛尼的。

朱锫：谢谢达新，我们请丘挺教授。

丘挺（建筑艺术家、中央美术学院中国画学院山水系系主任）：非常高兴，听了很多建筑界的朋友介绍了很多矶崎新先生的情况，其实我对于他的了解可能以前是潘公凯先生当院长的时候，做这个项目的时候跟我们聊到过一些细节，当时对矶崎新先生有一些感性的认识（图73）。我一直比较关注日本的文化，因为日本文化里对山水的崇尚是浸染到每个生活的细节，刚才我看这个片头有一个特别感人的地方，就是矶崎新先生的背影徜徉于山水之间，有那种跟山水相望的感觉，这个可能是和整个东方人对山水的情怀是分不开的。

同时，我也了解了一点，矶崎新先生对绘画、书法都很有自己的理解，好像我看他有一个说法，他对书法特别推崇，使我想到了井上有一，矶崎新先生好像也谈到过对井上有一的看法，但是我不了解他是怎么谈的。井上先生的书法是有点儒释道精神的，他的书法理念和矶崎新先生的反建筑理念有点相似，他是反书法，他是反对日本行会制度里的书法，他有一种向死而生、非常强烈的冲击力，这种强烈的冲击力一方面承载着文字本身的隐喻，另一方面又融汇了20世纪五六十年代的行动艺术，包括布洛克等行动艺术所形成的动作，消解掉传统书法静态的状态。

其实我在这里没有资格对矶崎新先生讨论很多他的建筑，但是我想请教一下他对井上有一的认识，谢谢。

矶崎新：刚才您讲到的井上先生，我非常的喜欢，他所有的书

图73　丘挺发言

我都有，我一直在学习他的作品。他对中国、日本自古以来的书法、传统已经做到了突破，并进行了重构，产生了非常多现代手法的作品，都是非常棒的书法。话说回来，虽说他已经有了很多的作品，包括很多先锋派的作品，但是他最后写的却是一个有东方因素的东方作品，他的书法作品在日本虽然是一直走着先锋派的路线，但是他认为这个才是中国和日本书法的一个原点，在这个方面给我造成了不得了的震撼。

丘挺：谢谢你的回答，非常棒，我看你的介绍，包括你的作品呈现，让我想到《金刚经》里的一句话："所言一切法者，即非一切法，是故名一切法。"就像你刚才阐述井上先生书法的意义，谢谢。

朱锫：每一次研讨会都是这样，特别是矶崎新先生的研讨会，我觉得应该是个马拉松才对，但是确实出于时间的原因，我们不得不暂停（图74）。

特别感谢矶崎新先生今天给我们带来一场深刻的演讲，各位嘉宾的发言虽然都意犹未尽，但是实际上也都很深刻。作为大会的组织者和发起者，我谈一点点感想作为今天小小的总结。

我想谈的第一点就是，在近代史上，我觉得矶崎新是作为一种现象的存在。很难在历史上有一位建筑师像矶崎新先生这样有持续的创造力和想象力，而且这种想象力和创造力不是现实主义的，而是理想主义的，不是顺应潮流，而是批判潮流，并且是自我否定的。特别是我参加大分的

展览时，矶崎新先生也谈到，实际上普利兹克奖表面上是给矶崎新先生的职业生涯画上了完满的句号，但就矶崎新而言，也只是宣告了他一个时代的结束，预示着另外一个时代的开始。

第二点，刚才我们谈到了运动，实际上矶崎新先生一直是作为各种思潮和运动的参与者，是始终的引领者。比如像20世纪60年代，他提出的空中城市、新陈代谢；也包括70年代我们谈到的电脑城市，对信息和技术的一种预示；80年代的虚体城市；后现代主义，特别是90年代中国珠海所提出的"海市计划"构想，以及全球化的现象，所以实际上他的这种思考既是一种参与者，又是一种批判者，特别像他在新陈代谢的活动一样，既是近距离的参与者，也是远距离的批评者。

当然，矶崎新实际上比较早地参加了中国的实践，他的"海市计划"城市构想、深圳国家交易广场这种无与伦比的前瞻性，近似于乌托邦的大胆设想，实际上深深地感染着很多人，这次在大分展上，我们几个人重新看到了这样一个场景，就是通过一个矶崎新所描述的第三空间，他与艺术，与戏剧、音乐、设计等诸多领域的这种跨界，我觉得展现了一个学者超出常人的创造力和想象力。

概括说来，我觉得，包括今天在座，我们做的这个活动，并不仅仅总结矶崎新的成就和他对于历史的贡献，实际上我们一直努力在挖掘，到底矶崎新给我们带来了什么样的启示，他这个建筑师和时代的关系。矶崎新总是与各个时代保持足

图74 朱锫总结发言

够近的距离，又保持相对远的距离——近距离是一种观察理解，远距离是思考和批判。就像他在每一个运动之初，比如看起来他跟新陈代谢运动是在一起的，但实际上他又是一种批判性的，他跟后现代的关系又不像美国的后现代，所以他自身就是一种参与和批判。当然，矶崎新和中国，我觉得他保持着一种非常近距离的介入，但同时他又带着对特别是中国的现代主义规划城市的这样一种理论的批判。

我想用司马迁的一段名言："究天人之际，通古今之变，成一家之言。"来概括矶崎新先生的建筑学术生涯似乎太贴切不过了，特别是司马迁谈到的"天人之际"，特别像矶崎新先生展览的第三空间，恐怕这个第三空间也是矶崎新之谜的一个谜底。

我想作为中央美院，特别希望能建设一个共同体生态。刚才周榕谈到的，今天的活动，包括我们以往和未来要做的一系列的系列讲座和学术活动，可能都是这样的一个诉求，就是推动中国当代建筑的发展。

今天到此为止，一个高强度且非常精彩的学术活动就要结束了，我代表建筑学院首先感谢在座的各位同学、老师，刚才走的很多同学恐怕都没希望了，未来不会成为伟大的建筑师，你们是有希望的，非常感谢，也包括我们的来宾和媒体界的朋友，是你们塑造了今天令人难忘的学术氛围。其次，感谢各位研讨会的嘉宾、学者、建筑师、艺术家给我们提供的精彩的、尖锐的观点。也感谢建筑学院的学术策划团队、执行团队，包括王子耕、侯晓蕾、韩涛、刘焉陈、黄良福、张茜、罗晶等很多的老师的辛勤工作。

让我们在时间的最后，就是今天学术活动的最后时刻，大家起立用掌声感谢矶崎新先生和他的团队，也特别感谢大家。

我们今天的学术活动到此结束（图75）。

| 图 75　嘉宾合影　　　　　　　　　　　　　　　75

斯蒂文·霍尔

一、策划人致辞

二、"建筑创作——理论的重要性"讲座

时　间：2019 年 11 月 10 日

地　点：中央美术学院美术馆学术报告厅

主讲人：斯蒂文·霍尔

主持人：朱锫

三、"锚固，知觉与建筑现象学"研讨会

时　间：2019 年 11 月 10 日

地　点：中央美术学院美术馆报告厅

主持人：朱锫

特邀建筑学者：崔愷、王明贤、佩尔·奥拉夫·菲耶尔（Per Olaf Fjeld）、卡尔·奥托·埃勒弗

森（Karl Otto Ellefsen）、支文军、周榕、李虎

特邀艺术家：邱志杰

特邀哲学家：汪民安

一、策划人致辞

朱锫：尊敬的各位来宾，大家下午好！（图1）欢迎大家来到中央美院学术现场。今天是我们"央美建筑系列讲座"（CAFAa Lecture Series）的第五场，主讲人是我们非常敬重的世界知名建筑家，也是我的老朋友斯蒂文·霍尔先生。

斯蒂文·霍尔毕业于华盛顿大学，1970年至罗马深造。1976年他加入了伦敦的建筑协会并在纽约市创办了斯蒂文·霍尔建筑师事务所。身为事务所的创始人和负责人，斯蒂文·霍尔是该事务所所有项目的首席设计师。霍尔是美国当代建筑师中的代表人物之一，被公认能将空间与光线细腻巧妙地融入所处场所和意境中，运用每个项目的独特性质来创造以概念为驱动的建筑设计，此外，他还擅长通过设计使现代建筑项目与其特定的历史文化环境浑然成一体。

斯蒂文·霍尔在文化建筑、公共建筑、住宅建筑领域的作品遍布美国本土及海外，代表作有芬兰赫尔辛基的奇亚斯玛当代艺术博物馆（1998年）、荷兰阿姆斯特丹的Sarphatistraat办公楼（2000年）和位于美国华盛顿州西雅图的圣伊格内修斯小教堂（1997年）。近十年内完成的项目包括美国爱荷华大学视觉艺术馆（2016年）、英国苏格兰格拉斯哥艺术学院里德大楼（2014年）、中国南京四方美术馆（2013年）、美国哥伦比亚大学坎贝尔体育中心（2013年）、法国比亚里茨滑浪与海洋中心（2011年）、中国深圳万科中心（2009年）、挪威哈姆生中心（2009年）、丹麦海宁当代博物馆（2009年）以及由国际高层建筑与城市住宅协会颁发的"2010年世界最高层建筑"大奖的设计作品——中国北京当代MOMA（2009年）。2007年6月广受关注的密苏里州堪萨斯市的尼尔森·阿特金斯美术馆向公众开放。谈论到令人惊叹的建筑作品时，美国《时代》杂志建筑评论家尼古拉·乌鲁索夫（Nicolai Ourossoff）写道："通过新建筑与原有美术馆肌理和周边环境的相互交织，他创造出一个富有萦绕魅力的作品……从今以后，任何从事设计美术馆的人都应该学习他的这种设计方法。"（《纽约时报》，2007年6月6日）。《纽约人》评论家保罗·戈德伯格（Paul Goldberger）说："该建筑不但是霍尔先生目前最好的作品，更是上一代作品中最好的。霍尔创造出了醒目又富有创造力的建筑形式，而它是一个宁静又令人兴奋的欣赏艺术的地方。"（《纽约人》，2007年4月30日）

斯蒂文·霍尔被授予多项建筑界最高的荣誉与奖项。他荣获了2014年日本皇室世界文化奖、2012年美国建筑师学会（AIA）金牌奖、2010年英国皇家建筑师学会（RIBA）颁发的詹克斯奖和2009年西班牙对外银行基金的艺术类知识奖。2011年，深圳万科中心荣获美国建筑师学会建筑荣誉奖；2010年，深圳万科中心和挪威哈姆生中心均获美国建筑师学会纽约分会建筑荣誉奖，同年，海宁当代艺术博物馆获得英国皇家建筑师学会国际奖。2006年，斯蒂文·霍尔获得西雅图大学和布达佩斯的莫霍利·纳吉学院的荣誉学位。

斯蒂文·霍尔是哥伦比亚大学建筑与城市规划研究院的

终身教授，他也在华盛顿大学、普拉特学院和宾夕法尼亚大学任教。除教学外，他广泛举办讲座及展览，还出版了众多书籍。

相信很多在座的来宾都已经熟悉"央美建筑系列讲座"的特点，即一个是主题讲座，紧接着是一个与主讲人紧密关联的专题研讨会。我们以这样的形式力求聆听到主讲人最深刻的思想，同时也让许多重量级嘉宾围绕主讲人特定的专题呈现最精彩的辩论。

我们今天的活动也是这样的结构：首先是斯蒂文·霍尔带来的主题讲座，题为"建筑创作"（Making Architecture）。下面我们用掌声欢迎斯蒂文·霍尔先生！

[本文整理自 2019 年 11 月 10 日央美建筑系列讲座（CAFAa Lecture Series）：斯蒂文·霍尔，建筑创作——理论的重要性]

图 1 朱锫院长致辞

二、"建筑创作——理论的重要性"讲座

斯蒂文·霍尔：我办公室的同事也来了，我希望他们站起来，因为他们在合作中做了大量的工作，非常抱歉，我明天必须要去东京，我甚至去不了办公室看一看（图2）。早在13年前，我就认识朱锫了。我的老朋友李虎说："你得见见这个人，他是中国最重要的建筑师之一。"每次我见到朱锫的时候都能想到一次经历，当时我们一起吃特别硬的一种东西，结果牙齿给硌了一下，每次见到他都能想到那次经历。开个玩笑，但我一直关注他的一个叫作"景德镇御窑博物馆"的项目，我认为这是一个非常重要的建筑作品，因为它包含了几乎所有我在这次讲座中将要谈到的内容。顺便说一下，这堂讲座的内容是关于这本书的。

接下来，我将从《锚固》（*Anchoring*）这本书开始说起，我认为思考和建筑理论很重要，但在今天它们却被忽视了。事实上，我对我的学生提出了"理论"这个词。理论是什么？今天的学生似乎任何东西都从网上获取，一切都进展太快了，所以我认为我们应该关注思考。如今，思考我们正在做的事情，是前所未有的重要。这是我们进行一切实践所依据的根本原则。实践不同于用一系列有组织的原则来解释和分析被定义的理论。当我刚开始写这本书的时候，我很焦虑。因为我在现代艺术博物馆有一个展览，我担心因为自己太年轻，不能很好地在那里展示我的建筑作品。这是五卷中的第一卷，每卷都比较薄，但是非常直截了当，容易理解，这套书基本上都是在同样的概念之上设计的（图3）。

但我试着继续探索，因为当你在工作中不断前进时，你的思想会成长，所以这些被分成了不同的部分。在这本书中，有38个项目，但我今天在这里只讲9个，重要的是这些项目背后的思考（图4）。

1. 建筑：激活大脑

这句话也曾是整本书的标题。什么叫作建筑？建筑就是头脑的活动，或者大脑的运动。我在索尔克生物研究所给一群科学家做讲座的时候，他们讨论到神经科学理论已经发展得如何先进，以至于我们可以科学地解释建筑确实影响并激活了大脑（图5）。事实上，早在1944年，温斯顿·丘吉尔就说过："我们塑造了建筑，而建筑反过来也影响了我们。"现在我们有了科学证据。我在那里和埃里克·肯德尔一起工作，他是一位神经科学家，他认为当我们思考与所处环境（也就是建筑）的关系时，我们需要运用抽象思考的能力。

2. 思维／大脑／身体／环境

如果你每天做身体锻炼，实际上它会激活你思考的能力，所以这些事情是相互关联的。大家知道，身体和大脑是有联系的，有一种奇怪的、未知的联系，我把它叫作"虚线"。大脑如何处理和联系这些事情，这是我思考的关键部分（图6）。

图2　斯蒂文·霍尔演讲
图3　斯蒂文·霍尔著作的五卷书籍
图4　9个案例
图5　激活大脑——索尔克生物研究所

3. 随机 / 类比思维

这不是科学问题，它发生在大脑之间的"虚线"空间。我们怎么描述它呢？希望大家能够买这本书（笑）。书中有一整章都是解释这个的，我没法在这一一叙述。但我想举一个例子，我上次在路易斯维尔做了这个讲座。这是勒·柯布西耶晚年的生活照，我相信这是一个很好的随机类比思维的例子，只要想想他在长岛发现蟹壳的那个伟大时刻就知道了（图7）。

4. 光：激活神经网络

其实，生命是主旋律，生命是一种自然现象，其复杂性揭示了人类意识的结构，比如可以接受外界刺激的感受器、人脑、自然神经网络等。莱伯斯·乌兹是一位伟大的建筑师，他6年前就离开我们了。我仍然在想他说过的很多东西，对他来说，建筑的思考部分是最重要的（图8）。

5. 思维之湖：水与光

这一章是比较私人的内容，是关于水的。众所周知，地球3/4的构成都是水，而人体的3/4也是水，某种程度上，水在我作品的每一部分都有体现。这张照片是在六月份拍的，这是我在普吉特湾长大的地方，是我做的第一个建筑。我的父母已经去世很久了，这座房子已经有超过45年的历史，所以我认为建筑是持久的，它一直存在。项目的关键在于，水与我们的场地、景观以及我们的生活方式之间的关系。这也是我做所有项目时都会重视的（图9）。

6. 心理空间

当我还是学生的时候——我看到在座有很多学生——我的导师让我花了一年的时间，做一个 8×8×8 的立方体，满足睡觉、吃饭、工作学习的需要。我画了这张图，创造了一个很大的心理空间泡泡，我对他说，你说的一切都是务实的，忽略了真正重要的，而不是客观需要的（图10）。

7. 负功能

这一章是反映华盛顿哥伦比亚特区当前领导地位的艺术品。太消极了，所以你得买书来读（图11）。

8. 音乐建筑学

我认为建筑的类比就是音乐，音乐和建筑都可以围绕着你。不同于你能避开一件雕塑或者一幅画，但音乐是一种慰藉，就像建筑一样。我根据音乐作品设计了不少建筑，比如奋斗之屋（Struggle House），修建于1989年，给人传达出轻重交替的感觉，选取了一段创作于1937年的音乐。我想我已经完成了四五座基于抽象音乐的建筑（图12）。

图6　霍尔草图，思维 / 大脑 / 身体 / 环境
图7　随机 / 类比思维
图8　激活神经网络：万神庙
图9　思维之湖：水与光，霍尔的第一个建筑
图10　心理空间，霍尔草图

9. 社会聚光镜

我认为建筑将成为社会的聚光镜。因此有一章叫作"社会共识"，这个图书馆赢得竞标，我一会儿会再提到（图 13）。

● 皇后区里的社区图书馆

这是皇后区里的社区图书馆（2019，图 14），大家可以看到很多公寓，不同种类的外墙。我们这个时代建筑的悲剧就在于做了太多有趣的幕墙。我相信结构占建筑成本的 25%。你可以看到这个小图书馆的结构，但并不像看起来那么简单。这个演讲和我明天要在开放建筑事务所讲的以及去东京开幕的展览是有关的。那就是当你在纠结和思考着你要做什么的时候，通常需要经历很多次改版。你可以在这里看到一些完全没用的废弃方案的草图，有一些草图根本不行，我把它扔掉了。这个图书馆只是其中一个故事。它可能本来会是一个看起来像螃蟹一样的、很丑的院子，但是之后，比如说我们做了 30 个不同的方案，最后产生了一个我认为可以的草图。

当你穿过图书馆往上走的时候，可以看到曼哈顿，而移动的轨迹实际上被刻在了立面的结构上。同时，电子书和传统书籍得到了平衡。这个项目是从 2010 年开始的，很多人觉得我们不需要书籍，但我认为不可以没有书。我相信书，我认为电子书和纸质书应该保持平衡。所以在每一个书架的背后，都有一个电子阅览桌。人们可以到这儿，通过电子的方式阅读。

在尝试了 30 种不同的方案后，我知道这个方案是对的。

应该按照这个方式来进行，所以花了 24 个小时进行草图的绘制。实际上已经是 9 年前了，当时真的花了很长时间。你可以看到儿童图书馆、成人图书馆、青少年图书馆以及公共空间等，剖面显示了它建造的方式。从平面可以看到，这个建筑非常简单，是一个简单的长方形，你可以从外面看到结构。这个模型在我房间的桌子上放了很多年。

我们本来以为这个项目无法实现，它可能会落选。但我们得到了资金，然后纽约港务局出资推进这个项目。终于情况开始好转，但仍然有些我想要的无法实现。我想在混凝土里铺上气泡纸，但预算却多出 100 万美元。但它还是逐渐建成了，这是一个缓慢的过程。我认为在美国造房子花的时间也许是中国的十倍。

你可以看到这些书和瞭望曼哈顿的生动景象。这是儿童图书馆。这是一个小建筑，但对我来说非常重要。由于位于昆士社区，它叫昆士社区图书馆（图 15）。

● 肯尼迪表演艺术中心

就在不到一个月之后，我们的肯尼迪表演艺术中心正式开放。这座建筑从 1972 年开始就已经存在了，它是美国一个非常重要的纪念场所。因为每个美国人都想纪念我们这位伟大的总统，那是一场激烈的竞赛。所有其他的竞争者都对这个建筑进行了形体的设计，甚至他们有些人希望在这儿扩建一下。但我们说，不，它应该延伸到景观中去，这将为人们创造一个可以享受的公共空间。他们给了我们第二次机会，

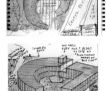

图 11　负功能
图 12　音乐建筑学

图 13　社会聚光镜，猎人图书馆
图 14　皇后区里的社区图书馆，霍尔草图

因为在比赛中有规定，不能修到那里，因为华盛顿特区水务局的基础设施在地面上。

如图 16 所示，这是当时竞赛的图片。可以看到这块地在华盛顿有多重要。有林肯纪念堂，还有杰弗逊纪念堂。但这里是不同的，因为它是一个很有活力的纪念馆。所以我们希望这里能有诸如歌舞剧这样的活动，一年 365 天都有活动，并且如果它能与景观融合，那么景观也活了起来，这是"living"这个词的双关意义。可以看到，在很长一段时间里，我试图在河上设计一个展亭。后来在军事、工程等机构的压力下，我们不得不移走了它，把它放到地面上。但是，再后来我们设计了一座人行桥，让所有人都可以走到河边，这是我们赢得比赛的关键部分。可以看到这里有 35 棵树，代表肯尼迪是美国第 35 任总统。

这里有三个展馆，它们在地下都是互相连通的。所以扩建都在地面以下，想把自然光带到老建筑中。坚实的墙壁本来是没有自然生命的模型，但自然光投射进去后，就仿佛到处都是生命与活力。建筑主体使用白色混凝土。最终，这个谈了很久的合同得以实现了，谢天谢地！

整个建筑的结构都是在直接表达外形，我们也对所有混凝土墙面进行了声学处理。我们在没有用到声学工程师的情况下，自己发明了一种声学混凝土。这可能是整个建筑中最令人兴奋的会议厅之一，它也符合我想实现的——结构在会议类项目中发挥了作用。

人们可以花 300 美元的座位费去肯尼迪中心里面观剧；在夏天的时候，也可以坐在外面免费看同样的歌剧；在春天的时候，可以在花园里免费看同样的歌剧（图 17）。我认为这是一个非常民主的想法，我想肯尼迪会对此非常满意。

这是有隔声混凝土的礼堂，还有下面所有的练习室。室外景观有许多水池和喷泉，引入自然的氛围。那是咖啡馆，这就是回到地面的感觉。

● 休斯敦格拉塞尔艺术学校

另一个完整的项目是去年开放的，实际上从今天算起已经一年了，那就是休斯敦格拉塞尔艺术学校（Glassell School of Art）。它由两座建筑组成。这是一场竞赛，项目要求在这里建一个七层的停车场，旁边还有一栋很破旧的建筑。休斯敦美术馆（MFAH，图 18）也挨着，这是一个复杂的博物馆，是美国最大的博物馆之一。事实上，这个项目是当时美国在建的最大的文化项目。

我的另外两名竞争者遵守规则，建了一个七层楼高的停车场，一个很大的停车区域。而我们冒了一个很大的风险。我说，你们不应该建一个只用来停车的区域，相反，应该在底下建一个新的格拉塞尔艺术学校，原来的学校只有 4 万平方英尺（≈3716m²）。

这是一座 8000 平方英尺（≈743m²）的新建筑。它是旁边公园景观的一种延伸，我想这就是我们赢得比赛的原因。因为我说，这意味着你们的雕塑园将比美国的达拉斯稍大一点。

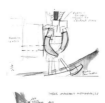

| 图 15　昆士社区图书馆 | 图 16　肯尼迪表演艺术中心草图 | 图 17　肯尼迪表演艺术中心室外景观 |

休斯敦和达拉斯在互相争论，因此我想他们会很兴奋。于是，我们既有了停车场，又有了一所学校。6个月后，我们竟然得到了两栋建筑的设计权，而不是只有一栋。然后我在想，我们要怎么把这个"大块头"做得经济又有趣呢？所以我选择了斜坡，这个斜坡使我们可以俯瞰整个学校。我把斜坡作为结构墙的一部分，整个学校被拉起来，形成了一个L形的建筑（图19）。

预制混凝土板和玻璃面板交互并置，创造了室内外的通透性，而伴随着社区和城市地平线的壮丽景色，包括斜屋顶步道在内的聚会空间将为学生和公众提供一个良好的市民体验。在L形建筑之间的空地里有一个新的雕塑花园，这主要是给学生们提供的，设置了雕塑。他们可以在那里见面、举办活动。那里很受欢迎，还有人会去举办婚礼。可以看到这些雕塑形式很简单，但很重，有些重达5000磅（≈2268kg）。这些也是非常珍贵的休斯敦艺术品之一。

这个隧道连接了新馆和密斯·凡·德·罗设计的旧馆。我们建造的大楼在街对面。这是密斯在美国建造的唯一的博物馆，我想这也是他建造过的唯一一座有曲线的建筑。博物馆聘请了几位艺术家来做这个连接隧道里的装饰设计。如图20所示，可以看到我们的建筑与这两个馆之间的位置关系。所以我们做成了一个校园，而不是一个永远不能扩建的停车场。现在因为有了一个校园，所有的建筑都是相互关联的，停车场在下面。

我对这座建筑（休斯敦美术馆扩建项目）感到非常兴奋，它的主楼部分即将开放。我这里没有合适的图，但是可以在这本书里找到。这个项目的灵感来自云朵一样的凹曲线，将屋顶的几何体向下推，允许自然光以精确的测量方式溜进去，这是这座美术馆的一个重要特色。第二个想法就是我所说的"冷夹克"（Cold Jacket），空心的大管子（图21）。休斯敦的日照很强烈，因此当太阳通过烟囱效应照射到墙上时，空气经过立面，这样就减少了90%的太阳能。我很高兴我们能够通过中国的技术实现这个目标。我们在欧洲尝试过，价格非常昂贵。这样的立面使得这座建筑在夜间也会产生不可思议的效果。我认为你应该去那里看看。我很自豪，你可以看到混凝土结构。"冷夹克"除了可以让阳光照进室内，还有很多功能。

● 弗吉尼亚联邦大学当代艺术中心

这是2018年开业的弗吉尼亚联邦大学当代艺术中心。同样的，在一开始，我既没有概念想法，也不知道形式应该如何。我只知道他们想要两个当代艺术的盒子。我的想法是，我们不知道当代艺术是今天还是几年前。当代艺术这个词太宽泛了，例如，在20世纪20年代，是立体主义；在50年代，是抽象主义；到了70年代，是概念艺术，你可以在世界各地找到伟大的概念艺术。于是我开始画很多草图，很多都很丑，但我只能坚持画下去。

然后，我画出了这组草图，可以看到这里面也有一些空

| 图18 休斯敦美术馆 | 图19 休斯敦美术馆二层平面 | 图20 休斯敦美术馆扩建项目现场

间的交叉，方案的概念就是交叉（图 22）。这里是弗吉尼亚州里士满最繁忙的十字路口。这边有个礼堂，上面有个展厅，所以这里一共有 4 个展厅。整个建筑一边面向花园，一边面向城市街道（图 23）。

同时，这里也是我们进入大学的路口，它有两个路口，一个是从城里面进入，一个是大学的路口。从上面可以看到大学的路口，还有从城里街边的路口，最终是四面展开的，实现了 4 个展厅，你可以顺着楼梯盘旋而上。这些是我们的模型照片，我们做的每个项目都有数百种不同的研究模型，我们不相信计算机。詹姆斯·迪尔曾对我说过一句话，我永远不会忘记，他说："你不能用计算机射线简单地模拟阳光，是因为所有的光线必须要在一个空间当中才能够实现，因为电脑当中没有办法帮你实现这种空间感，因此你没有办法体验到光线带来的效果。"因此我们总是研究光和模型，而不是电脑模型（图 24）。

建筑内部是一个花园，咖啡馆向花园开放。顺便说一下，你可以找到这个建筑相关的视频，我没有放这些项目的大量照片在这本书里。我的想法是驱动设计，并做出视频游戏。因此，你要么去那栋楼，要么去看视频链接。但这本书本身是关注于想法的。

● 伦敦马吉医疗中心

如图 25 所示，这是伦敦马吉医疗中心，位于伦敦的市中心。难点是周围有很多老建筑。灵感来自于它的历史遗址，同样

也是邻居的圣巴塞洛缪大教会。它被设想为一个"船中的船"，装饰以彩色玻璃碎片来回忆音乐"纽姆记谱法记法"。我思考怎样才能在某种程度上，把这个建筑和音乐的思想联系起来，让建筑唤起我们的存在感，让罹患晚期癌症的病人去到那里，形成一个社区的氛围，感受舒适的空间。这和我之前说的很相似，是一种沉浸式体验，就像音乐是一种非常慰藉的体验一样。

所以我想用这个形状的符号来连接历史遗迹，这就是基本的概念。结构上，分支混凝土框架内衬穿孔竹子和磨砂白玻璃。这个三层楼的中心设有一个开放式的弧形楼梯，是整体的混凝土框架结构，开放空间垂直排列着穿孔竹，该玻璃幕墙的几何形状就像一个音乐的五线谱，它横向宽 90cm，随着主楼梯的几何形状再沿着北立面伸展过去，同时让透明玻璃所面对的主要广场更加醒目，也成为主入口的标志（图 26）。

然而，重要的是经验现象，而不是想法。我三岁半的女儿走进这样的建筑，对空间的颜色感到兴奋，这正是问题的关键。

建筑内部的主要特征是：彩色抛光地板和墙壁根据白天的时间或者季节的变化而变化。室内照明设计成有色镜片加上半透明的白色玻璃门面，呈现出一个新颖的、快乐的、鲜艳的角落（图 27）。该建筑顶部是一个大的屋顶开放式花园，人们在此做瑜伽、打太极，并举行会议等。室内装修都是用的竹子，这是我们今天使用的最环保的材料之一。我们所有的

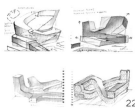
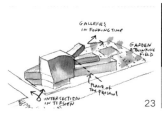

图 21 "冷夹克"立面
图 22 弗吉尼亚联邦大学当代艺术中心草图

图 23 弗吉尼亚联邦大学当代艺术中心草图：四个展厅
图 24 弗吉尼亚联邦大学当代艺术中心研究模型

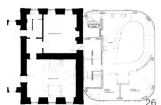

项目都尝试使用无毒材料。白天这个建筑向外通风,到了晚上,室外的气流又会涌入,形成昼夜通风的反转。

- 普林斯顿大学路易斯艺术中心

如图 28 所示,这是普林斯顿大学路易斯艺术中心。同样的,我们想要的不只是一个简简单单的房子,而是一个围合起来的庭院效果。所以我们想把它拆成三栋建筑,但这些都画得很难看。这个过程持续了很长时间。这个大盒子里集合了舞蹈厅、剧院、音乐厅、工作室以及音乐学院的教学和研究设施的增建。这个建筑群包括华莱士舞蹈馆和剧院,由赫尔利画廊、行政办公室和其他工作室组成的艺术塔以及新的音乐大楼。三栋建筑被整合在一个地下大厅,一个 8000 平方英尺(≈743m²)的开放室内空间,可以进行多样的艺术活动。大厅之上是一个有水池的室外广场,自然光透过水池映射到地下大厅中。

我们还用混凝土做了模型(图 29)。所以建筑里大量运用混凝土这种材料,还有最大的是建筑本身的石头覆层。新音乐大楼的概念则是"悬挂",大型的管弦乐队在室内排练时,每个练习室都被悬挂在钢棒上。每个独立的房间相互隔离,保证了声学共振的品质。(此处霍尔播放了一段关于此项目的视频)

- 富兰克林与马歇尔学院新视觉艺术学校

接下来是富兰克林与马歇尔学院新视觉艺术学校,它正在修建中。你会注意到场地上有很多非常大的树。图 30、

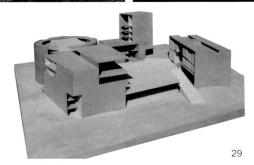

29

30

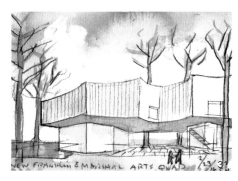

31

图 25　伦敦马吉医疗中心
图 26　伦敦马吉医疗中心一层平面
图 27　有色镜片加上半透明的白色玻璃门面
图 28　普林斯顿大学路易斯艺术中心
图 29　普林斯顿大学路易斯艺术中心混凝土模型
图 30　富兰克林与马歇尔学院新视觉艺术学校草图 1
图 31　富兰克林与马歇尔学院新视觉艺术学校草图 2

图31是我们开始时的一些草图。众所周知，富兰克林在雨中放风筝时发现了电。我们因此想到类似于风筝的漂浮物，并有了一系列的图画，它们是一种紧密的、漂浮的形状。底下那层用玻璃来营造上层的漂浮感。那些粗壮的树，它们会影响建筑的造型，它们会在周围形成一个个半径圆。这是有意思的，这个想法将所有人联系在一起，连校长也称赞这是个明智的想法。好在我们想做的一切都进行顺利，艺术学校同意了我们加入水池的概念，因此三面墙受到了影响。有的是凹的，有的是凸的。因为校园有缺水的问题，所以这个水池也是一个储水装置。湖面倒映建筑。

几天前，我在那里看到了拥挤的小树，然后，可以看到建筑的基本几何结构。那里也是一个亚米希小镇，所以我很兴奋他们找到了承包商，正是我们想要的暴露的木材结构纹理。它仍然像一个风筝，我们把桁架结构也暴露出来（图32）。可以看到那些还在上面做打磨的人，你们可能不知道亚米希人，他们骑着马和四轮马车到处跑。他们穿着黑衣服，对自己的饮食和行为有着宗教信仰。但他们很有行动力，大概一周半就完成了工作，就像中国速度一样。

● 普林斯顿高等研究院

如图33所示，这是普林斯顿高等研究院，爱因斯坦最后工作的地方。爱因斯坦一直在这里工作，直到1955年去世。这是新的建筑，一个所有学者都能聚在一起的地方。目前，他们有很多教室、礼堂，但这个小校园里没有可以坐下来见

面的地方。所以这是一个很理想化的项目，它只是试图连接科学家，这是最主要的想法。

我的奇思怪想特别多，我设计的草图如图34所示，科学家、人文学家、艺术家，还有不同的空间的暴露、光线的暴露等，这些不同概念互相交织，人文学、科学互相交织，但这些图都不是好的形式。最终还是觉得用铜制屋顶放在老建筑上面的效果最好。另外一件事是曲线的概念，弯曲时空的概念就是爱因斯坦今天仍然有效的相对论。那么怎么做这个几何图形呢？也就是说，你可以让一条曲线穿过另一个形体，这样就会得到一个空间。就像棒球的运动轨迹一样，当一条曲线通过另一条曲线，便会得到空间曲线。

这是我们在比赛中展示的草图，这些弯曲的屋顶形式会带来不同种类的光线。从总平面上可以看到，它与校园里其他建筑之间的联系。所以我们想到这个建筑将会充满空间曲线，这是关键的想法。可以看到它正在建设中，这些是预制的混凝土墙，是外结构，很好很厚，里面有绝缘层。我必须和所有的权威人士确认才能验收这个房子，我已经得到了双方的同意（笑）。

● 实验建筑

接下来是另一个小视频，这是我们一直在做的实验房子。我们从两年前开始，从一个纯粹的，关于球体相交的抽象实验开始。这是一个非常简单的建筑，它有915平方英尺（≈85m²），全手工打造。（此处开始播放关于此项目的视频）

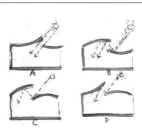
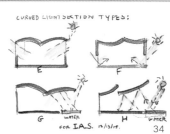

图32　富兰克林与马歇尔学院新视觉艺术学校暴露的桁架结构
图33　普林斯顿高等研究院模型
图34　草图：弯曲的屋顶形式带来不同种类的光线

● 非洲某学校图书馆

下面是补充的另外一个项目，是我在非洲做的第一个项目，在那之前，我从来没有去过非洲。感谢韩国首尔的客户。如图 35 所示，这张与狮子的合影有点吓人。

这个项目是一个新的校园，而图书馆将是新校园的第一部分。所以我首先想让校园是适宜步行的。因此我有了这个想法，让校园变得非常密集。在那里，你可以看到图书馆，其他的建筑正在缓慢地发展，一切都可以步行，都是步行的距离。还有一个极端的问题，就是缺乏电力和大量开田垦林，因为人们试图通过砍伐树木来获取能源。所以通过屋顶提供更多电力是我的第一个想法。于是我去找我的工程师，我说："看，这是一个在马拉维的图书馆，人们一天挣不到两美元！"这可能是地球上最穷的国家之一，我们怎么才能让建筑有所回馈呢？所以这个形状会最大限度地把自然光引入室内。然后我可以把 100% 的电力放在这两片叶子上，而其他的树叶将为校园的其他部分带来更多的电力（图 36）。

然后我有一种感觉，我想让它变得特别。风吹过的时候，草会有这样的波浪，这样就形成了一个 6 万平方英尺（≈5574m²）的中心。所以建筑会有一个中心，在那里你可以看到中央花园和整个组团（图 37）。

微风习习，竹帘上还会爬上昆虫，太棒了。而且室内温度也从来不会太热或太冷。这些结构是韩国制造的，我们设置了一个织物太阳能板在上面。所以这是一个室内的舞台。

因为对竹子进行了切割，所以它是半透明的，可以屏蔽掉外面的昆虫（图 38）。

这是他们建造的第一个临湖建筑。当地人跳舞，为我举行了欢迎仪式。当我看到他们站在门口时，我感到很惊讶，他们怎么能那么高兴呢？所有富人看起来都很生气，而这些人却很开心。但是我认为这些人比那些 1% 的特别富裕的人更幸福，因为我们总是看到亿万富翁的自杀。总之我认为，在那里的经历真的很棒。顺便说一下，他们安排我和马拉维的总统进行了一次特别会议。他让斑马在院子里跑来跑去，他说，他非常感谢这个建筑。

接下来我即将去东京，举办一个关于建筑的展览。这是一个关于水彩画的展览，一个关于随机思考的展览。墙上的布面印着正在建造或正在制作的黑白照片。这次展览中没有建筑图纸，全是模型和推敲过程，我对此感到非常自豪。作为一名教师，我前所未有地觉得表达这一点很重要，因为我认为人们从计算机绘图到建造太快了，我想这就是为什么如今有这么多的房子被很快盖出来。总之，这是一种诊断。

之前在上海的展览办得特别好，很高兴他们能给我们提供空间，做这样的展览，我当时没有办法亲自过去，但明天我会亲临在东京的展览。

很高兴今天能借给大家演讲的机会，回顾这些不同类别概念的思路。但也许大家觉得今天一下子讲了太多的内容。如果你们不记得其他的，也许应该记得第三个"随机类比思维"，

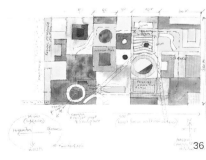
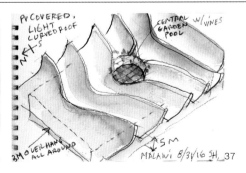

| 图 35　霍尔在非洲 | 图 36　图书馆平面草图 | 图 37　霍尔草图

因为这是一个特别的词——"随机"。朱锫说,"随机"这个概念可以翻得出来,那么希望大家只记一个的话,就记住它吧!谢谢!

朱锫:我不知道在座的学生和老师们听完讲座之后有什么感想,我觉得在斯蒂文·霍尔勤奋的工作背后,给我们展现了超人的想象力和创造力,他真的每天早上起来都有创作的构思,比如今天早晨我们的第一个沟通短信,他就告诉我他在画水彩画,真的是非常勤奋。同时我从斯蒂文早年的《锚固》中可以看出他的思考,就是特别强调和自然环境之间的关系,这种东方的自然观让我非常敬佩,同时这也是我们之间的一个纽带,为了感谢斯蒂文,我们特别准备了一个礼物,就是刻有"斯蒂文·霍尔"五个字的中国篆刻印章(图39)。

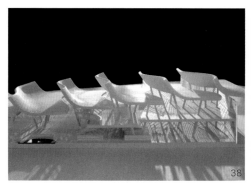

图38　推敲模型
图39　朱锫向霍尔赠送礼物

三、"锚固，知觉与建筑现象学"研讨会

朱锫（主持人）：刚才斯蒂文先生将近一个半小时的演讲，介绍了他的作品以及其中反映出的一些思想和理念，我期待今天的研讨会能聚焦"锚固，知觉和建筑现象学"的主题，所以希望大家能不仅回溯斯蒂文·霍尔的建筑创作以及其所映射出来的知觉现象学的思考，也能延续2008年中国学者所做的"现象学和建筑"的研讨会中谈到的话题，以差异的立场来进行讨论，大家可以以中国当代实验建筑语境为基点，从具体的个人经验和实际出发，为我们这场学术研讨会带来精彩的思维碰撞。

那我们首先请崔愷院士发言。

崔愷（中国工程院院士、国家勘察设计大师、中国建筑设计研究院有限公司名誉院长及总建筑师、本土设计研究中心创始人、著名建筑师）：谢谢，非常荣幸参加今天的演讲会（图40）。斯蒂文·霍尔先生是非常著名的国际大师，虽然没有作为建筑师合作过，但是我自己和他以往的创作也多多少少有一些交集。比如像当代MOMA项目北京审查会的时候，我是专家，当时给我留下很深的印象。过去我也偶尔参与住宅类项目审查，不过后来都谢绝了，因为大多数项目都毫无乐趣，都是不断地在城市当中为了资本，当然也是为了人们的生活去做的一些简单的建筑。当我看到斯蒂文·霍尔先生提出的方案时确实惊到了，当时感受到：原来住宅也可以以这样一种欢快的心情去构建。我记得他当时画了一幅手拉手的水彩画，

用这样的方法来表现一种社区的精神，给我留下了很深的印象。在那之后，我也看过斯蒂文先生为万科总部设计的建筑，好几年以后，我在深圳看一组当时金融中心的国际竞赛，虽然那个建筑后期有很多的变故，但是当时矶崎新先生作为主席，我记得朱锫也在现场，我们一起评审，为深圳未来的重要公共建筑进行构想的时候，看到了斯蒂文先生的设计提议，也觉得很不错。后来青岛的一个文化中心项目我也一直很期待，但是也发生了很多变故，我并不是项目评委，而是有一次到青岛去的时候，政府给我看了几个入选方案后问我的意见，我记得都是大师方案，包括OMA和扎哈·哈迪德的方案，各有特色，但实际上我当时心里很明确，就从对空间和场地的认识以及对未来城市的贡献来讲，我觉得斯蒂文先生的方案应该是最好的。

所有这些经历使我认为，"开放"是一个对中国建筑师、中国城市非常有价值的关键词。当然后来李虎的事务所名字就用了"开放建筑"。确实对我而言一直有这样的深刻印象，就是如何在创作的时候使建筑具有向外扩展的能量，同时也对场地有一定的开放性思考。这种开放可能对自然环境很好，对城市环境很好，当然对人们的交往也很好，因此它可以有很多很多的向度。所以每次我看到像斯蒂文先生这样的设计想法都非常感动，并且受到很多启发。但是有时候，当看到这些建筑建成后在使用过程中出现的不开放性，我会产生怀疑，包括我们自己在设计当中会遇到一些评审或者业主，也会担

40

图40　崔愷发言

心类似的问题，尤其是在中国这样的城市语境下，有很多原因造成了不太开放，不开放的原因多于开放的原因，也是常常碰到的一些很奇怪的事情。后来我想明白了，建筑的寿命很长，建筑在建成的那天起，就要服务未来的很多年，如果我们因为现在的某种原因选择不开放，就失去了为未来开放的机会。从这一点来讲，我觉得建筑师作为空间设计者应该为未来考虑，为未来的社会发展、未来的创新、未来的文化兼容性考虑。这是我特别想提到的一种感悟。

我一直特别关注、赞赏斯蒂文先生的作品，但是今天又看到了另外一种开放的方式，从初步的几何形体推敲，到建筑脑洞大开的构成，到最后完美的呈现，我觉得斯蒂文先生真的是把国际建筑学又向前推动了。对于今天在座的学生们，尤其是美院的学生来讲，应该可以收获许多视觉艺术方面的思考，谢谢大家。

朱锫：谢谢崔院士。大家都清楚，崔愷是中国最重要的建筑领军人物，实际上早在 20 世纪 90 年代，我们还比较年轻，刚做建筑师，那时候我们大家就都会去参观崔院士的项目。这么多年过去了，崔院士还创立了本土建筑研究中心，其实和刚才斯蒂文·霍尔谈到的很多建筑背后的思考有很强的共性，也就是强调和特定的自然、环境、场所发生关联。所以我们也非常感谢崔愷先生所作出的贡献。

接下来我们把接力棒交给李虎，也是场上最年轻的一位建筑师，开放建筑事务所创始人，他的成长很快，但可能不是所有人都知道他和斯蒂文·霍尔曾经以一种师生的关系有过一段非常紧密的合作，我想他对斯蒂文·霍尔可以说是有最深的了解。

你可以从你和他一起工作的经历，或者是你现在作为独立建筑师的角度，跟我们一起来聊一聊你的感悟。

李虎（开放建筑事务所创始合伙人及主持建筑师、著名建筑师）：谢谢朱院长给我的任务（图 41）。刚才崔愷老师提起 15 年前的事情，唤起了我的记忆。我记得很清楚，当时突然接到通知，要来首都汇报当代 MOMA 的项目，机票通通都卖光了，所以只能途经巴黎飞至北京，下了飞机直奔评审现场，本来我是很紧张的，因为那个项目批下来的难度很大。但是我记得一进屋子看到崔愷老师，我就放心了。其实很多事情的发生看似偶然，但任何一个重要作品实现的背后都有些很有趣的原因。

我和斯蒂文·霍尔认识将近 20 年，我们之间的沟通有时候不用过多的语言，或者是一些很简单的语言，设计嘛，很多时候就是超越语言表达的。但是因为今天在美院，我想谈一下斯蒂文·霍尔可以给我们年轻人带来的一些启发。以我们相识 20 年的经验来看，我提出几个关键词，没有什么先后顺序。

第一个词是 Integrity（诚实正直）。可以理解为一种真诚，只有遵守一些底线，才能对抗一些诱惑，这非常重要。

图 41　李虎发言　　41

第二个是勤奋。刚才朱院长也有提到，我认为这种勤奋不光是体力劳动上的勤奋，不仅是每天早上起来画水彩那么简单，在我看来几乎像是和尚的修行，就是那种宗教的修行，这个认识对我的影响非常重大。我也把工作当作一种修行，修行的状态能帮你抵抗来自方方面面的困难、痛苦和折磨，带来一些快乐。建筑是一个研究和探寻的过程，即"Research & Search"，我记得斯蒂文在相当长的时间里，会在周日阅读《纽约时报》的科学板块，不知道现在是否还依然有这个习惯。其实他一生都在不断地探寻，从他的讲座中也可以看到来自科学、哲学、文学、艺术、音乐等其他各个方面的启发。

第三个关键词就是 Patience（耐心）。耐心也是非常重要的，我记得我为斯蒂文工作了两三年的时候变得非常自大，有一天他把我叫到办公室里对我说："你头变大了！"这一点我记得很深刻。因此耐心非常重要，我相信这一点对每个行业都相通，但在这个行业尤其重要，你得有十足的耐心，去慢慢地修行。

当然斯蒂文确实有很多秘密了，我相信我们能成为 20 年的朋友肯定是有一些共同之处的，比如有时候我走过他桌前，那儿总会放一本柯布西耶的书，其实平常往往是不同的书，但柯布西耶总是被我赶上，这是我们共识的英雄，所以在这一点上我们有很多共同的语言。

斯蒂文·霍尔当然是一个不可复制的伟大建筑师，解读起来有些深奥，但可以给学生们带来很多启发，尤其是当今这个充满诱惑、迷茫、信息过剩的建筑界，大家一定要去寻找自己相信的东西。谢谢。

朱锫：非常感谢李虎，接下来还有一位和斯蒂文相识很久的好朋友，就是挪威学者佩尔·奥拉夫·菲耶尔（Per Olaf Fjeld）教授，他参与了很多建筑的重要活动，和斯蒂文有很多的交往，也有很多共同的志向和趣味，比如奥拉夫教授曾经作为路易斯·康的学生，也给他工作过。所以接下来我想请奥拉夫教授谈谈他的想法。

佩尔·奥拉夫·菲耶尔（奥斯陆建筑与设计学院教授、挪威国王骑士勋章获得者）：谢谢邀请，我来到这里有些凑巧，但是今天听到斯蒂文·霍尔刚才的演讲非常高兴（图 42）。斯蒂文是非常独特的建筑师，他是坚信建筑的一个人，并非出于商业兴趣，他深信建筑以及建筑生产是有关内在的。建筑是有生命的，有灵性的。如若没有这样的信念与精神联结，没有这样抽象的物理空间存在，我们或许将难以继续生活。

斯蒂文使这一点清晰可感，这不仅表现在他的宣言上，也体现在他的作品中。这些远非单纯视觉层面的呈现，比如恰当的材料运用与漂亮的建筑细部，而是有一种能以自己的方式感动我们的东西。路易斯·康曾诗意地讲过："建筑是人类的延伸，建筑自身内含宇宙。"我认为这种诗意的观点在斯蒂文·霍尔的作品上同样成立。

斯蒂文的独特之处在于，他通过观照自我与个性将作品向前推进。在他大多数的行动，他的思维，他的信念中，他

| 图 42　佩尔·奥拉夫·菲耶尔发言

认为建筑是有能量的，能够把问题向前推进，这种推进是我们不曾见过或经历过的。在这个维度上，我觉得他作品的有趣之处还在于，他能在很多年间不断地改进自己的作品，他总能不断前进。极少有建筑师能够做到自我更新，不断探索，观察宇宙及人类社会文化所发生的变迁，同时把自己关于建筑的理解落实在当今的建筑生产中。

我认为今天的建筑师有很多的问题。但就我看来，最重要且与斯蒂文·霍尔息息相关的是创造力。如果我们想为后辈做点什么，那就是激发创造力。斯蒂文的创造力是全方位的，全面激发创造力基本上是我们唯一的机会。如此我们才能够有能力来干预，并解决未来面临的问题。假设没有这样的创造力，我们只会不断重复过去所犯的错误，甚至察觉不到我们正在重蹈覆辙。从这个角度上说，我觉得他的建筑非常前景和诗意。将创造力在各个层面上更好地激发出来，是我们真正可以倚仗的工具。

与此同时，我们还要另做一个对"自然"的定义。当我们谈论"自然"时，我们在谈些什么，这之间真正的关系是什么？这对于项目而言可能是一些空泛的想象，但仍然是有所帮助的。很多人认为技术胜过了建筑，但我认为这是一个严重的错误，我们对技术如此迷恋，以至于我们无从真正理解自然。我们应该如何处理与自然的关系，如何看待紧密连接着材料、工艺的地域性呢？斯蒂文·霍尔从来没有忘记这种场所与建筑之间的个体联系。

我们所面临的另一个挑战是虚拟空间，即数字空间与实体空间之间的关系。我们从何种角度才能真正理解两者之间的关系？对绝大多数人来说，苹果手机就是那个虚拟空间。我们又是怎样与实体空间产生真正联结的呢？实体空间只是为虚拟空间服务吗，或者我们怎样联系这两者？从这个角度上讲，斯蒂文·霍尔今天向我们展示的最后一个建筑，真实而又美好地展现了实体空间的魅力和能量。对我们而言，既有趣又颇具挑战的是，存在于实体空间、虚拟空间和有生命力的建筑间的真正联结究竟是什么？谢谢！

朱锫：特别感谢刚才佩尔·奥拉夫·菲耶尔教授所讲的内容，特别是与当今中国所面临的和自然、气候相关的问题。昨天和斯蒂文·霍尔讨论的时候，我们聊到一个共识：就是无论身在何处，科技如何发达，人类面临的最大挑战还是全球的气候变化。所以作为一个建筑学者、学生或者老师，我们应该具有这方面的意识。接下来我想请我们实验艺术学院的院长、知名艺术家邱志杰先生来谈谈，大概从 20 世纪 90 年代开始，他就对哲学感兴趣，听了很多哲学的课，也涉及一些现象学的问题，所以我希望你能从艺术家的角度给我们谈一谈，斯蒂文·霍尔作为一名艺术家，其创作带给你的感受。

邱志杰（中央美术学院实验艺术学院院长、教授，著名艺术家）：朱院长为难我了（图 43）。找我这样一个外行来听课，其实我们艺术家通常很恨建筑师，因为他们经常把美术馆设计成一

图 43　邱志杰发言

43

个最大的雕塑，我们怎么在一个雕塑的肚子里搞艺术？这使得我们常常对建筑师有一种又爱又恨的心理，我们希望他们把美术馆设计得既好看又好用，招揽更多的观众，让艺术品的能量爆发出来。但是，建筑作品自身往往又成为最大的艺术品，干掉了我们的所有作品。

刚才听了斯蒂文先生的演讲，我非常激动，我意识到他把每一座建筑都当作一件雕塑来做，甚至我觉得他的作品非常像新柏拉图主义的雕塑。米开朗琪罗曾说过："我的雕塑本来就在石头里边，我只不过把多余的东西去掉了而已。"斯蒂文·霍尔的作品也会给我这样的感觉，即那个雕塑本来就应该存在于那样的环境里。在看斯蒂文作品的时候，我反复地想到胡塞尔的"生活世界"这个词，就是那种跟整个城市或是一片森林嵌合的感觉，比如那个叫作"社会聚合器"的皇后区的社区图书馆，就是在整个城市的语境之中，持续地嵌入这样一个实体，这种实体的基础其实是思想。在胡塞尔的"生活世界"概念里，我们今天所能够用语言描述的、用思想触及的世界已经是用我们的经验整理过的，这样一来，这个世界就是由我们的思想共同参与构造的，这样就打开了一条我们可以直接用想象参与世界空间建构的一种途径。

大家都很感兴趣他画的那些水彩画，我注意到他常常在图上直接标注一些概念，不只是材质和功能，而是"诗学""科学""身体"这类词语，他其实跟我一样是画地图，只是用了一个思维导图的方式。作为空间想象的基础，在思想地图

的基础上去构造一套生活经验，然后很自然地把空间的穿透和交错、光影的变化都组织在这样一个思想结构里，让我非常受启发。这会让我想到维特克斯坦曾说过："可以说的东西要说清楚，不可说的东西要保持沉默。"但是不管是对艺术家还是建筑师，这句话都要改成"可以说的东西要说清楚，不可以说的东西也不能保持沉默，而是要去把它做出来"。霍尔大概就是做出了这些不可说的东西，翻新了我们这个世界的样貌。

最后有一句话很想跟年轻的朋友们分享，霍尔的作品没有一件是"行活儿"，甚至可能本来是"行活儿"的项目都能做成作品，这大概就是李虎所说的，用修行的态度来工作的结果，这对我们年轻人是非常大的启示，谢谢。

朱锫：很感谢邱志杰教授，那么谈完了艺术、哲学，我们再谈点更具体实在的。大家都知道，中国在 20 世纪 90 年代末期，所谓的实验建筑一直是一个很重要的学术方向，中国当代的这批建筑师都参与其中。王明贤先生是其倡导者，今天王明贤先生也在场，你听了斯蒂文先生对于创作及其背后所思所想的讲述，能不能给我们谈谈，中国未来是不是会有新的实验建筑诞生？

王明贤（中国艺术研究院建筑与艺术史学者、中央美院视觉高精尖创新中心专家）：刚才听了斯蒂文先生的讲演很有体会，我想到 2002 年，斯蒂文先生、张永和和李虎创办的《32》

杂志，那是一本非常有思想的杂志，当时张永和还跟我讨论，说这个杂志在中国会很有发展前途，我们还专门在北京办了发布会，可惜这本杂志昙花一现，最后无疾而终了，但从那时起，我就发现斯蒂文先生其实是一个建筑思想家（图44）。

实际上在20世纪下半叶，整个世界的先锋建筑思潮非常活跃。比如在1960年世界设计师大会上，日本青年建筑师就提出新陈代谢，在国际上引起很大的震动；1961年，英国建筑师彼得·库克和他的合作伙伴就创办了《建筑电讯》杂志，也对未来的建筑发展起到了很大的影响；1966年，文丘里发表了《建筑的矛盾性与复杂性》，这其实是对现代主义的颠覆；还有比如矶崎新先生一直坚持建筑写作和研究，埃森曼也创办了《反对派》杂志，进行关于建筑知识体系的研究，以及在变幻的时代对纯建筑形式的研究，这些都是很值得我们中国建筑师思考的。

但是，目前国际建筑发展情况和我们想的不一样。在中国，我们意识到青年建筑师好像还有待进一步发掘，所以我们在中国深圳前海发起"国际青年建筑师先锋"活动，央美也在进行"新实验建筑"项目，辐射范围并不仅是中央美院，甚至也不仅是中国青年建筑师，而是整个国际范围的青年建筑师。我在想，如果没有这种建筑研究、写作、出版的热情，可能建筑就真的会变成了"行活儿"，从而失去思想。刚才斯蒂文先生的讲演，从锚固谈到场所精神，再谈到现象学，可以看出这些思想其实对他的建筑创造起到了至关重要的作用。

所以我也想请教斯蒂文先生，现在国际上，比如美国和欧洲，青年建筑师还有创办建筑杂志、出版、建筑写作、学习研究的兴趣吗？因为斯蒂文先生是美术馆设计的高手，我还要顺便请教，您对于中国现在美术馆和艺术空间的设计发展有什么看法？对于未来的美术馆设计发展前景又有什么看法？

朱锫：谢谢王明贤先生。斯蒂文，你可以回答一下他的提问吗？

斯蒂文·霍尔：这个关于青年建筑师和实验建筑的问题非常重要。今天我们在这里相聚一堂，同样也是因为稍后会发布的UED杂志，这本杂志是当下最为重要的建筑杂志之一。大约五到七年前，最初创刊于西班牙的《建筑素描》（*El Croquis*）曾做过一些尝试，但由于种种障碍，目前在美国只有两本主流建筑杂志，都比较商业化，内页的广告全都是卖电梯的，这两本建筑杂志很多时候被巨型商业大楼的宣传所垄断。

青年建筑师存在着一场危机，他们毕业后要偿还高昂的学费贷款，因而他们会选择为设计办公大楼的事务所工作。他们看到的是这样的杂志，并且一开始就做这种办公楼项目，现在处于一种退步的状态，青年建筑师没有余地去做缜密的思考，也没有空间去进行建筑实验。

因此我很高兴今天能够来到这里，我认为UED杂志从设计装帧到内容编排都体现着他们的使命感，他们出版了很多文稿，而非只有图像呈现。如你所见，网络上所见的大多是图像，它们呈现海量的图像，却很少有深刻的文本。因此，当我们

图44　王明贤发言

44

有机会制作一本杂志时，我们尝试用《32 北京／纽约》的杂志思路，我们有主张，有探索。这可能才是该向年轻一代宣扬的。我在纽约跟 T Space 画廊合作，一起的还有 6 个来自世界各地的学生，我们关注概念以及思想，我们希望能够让建筑师更深刻地通过文字去反思，而不是被这种巨型建筑事务所牵着鼻子走。

对我而言，追求体量巨大的事务所是建筑界的致命问题之一，每个大事务所都想拥有 200 甚至 300 名建筑师雇员，这事实上严重阻碍了他们的思考。因为他们时刻感到苦涩的竞争压力。所以我认为小规模的建筑事务所是更适宜的。朱锫的景德镇御窑博物馆是令人启发的建筑作品。建筑的各个维度，及其与社区和地域的关系、场所的历史都能融合在一个较小尺度的博物馆中。我认为这样的建筑更像一篇和谐的乐章。同样地，也包括更多思考材料的交接与概念的细化表达。这才是我们应该引导年轻人去思考的，而不是只顾着运营事务所，建一个又一个摩天大楼，200m 或者 300m 高，跟生命或人类生活毫无关系，谁在乎这些呢？

朱锫：你还需回答另外一个问题，正如王明贤的提问，你如何看待未来的美术馆建筑？

斯蒂文·霍尔：我认为在未来，艺术可能会随处可寻，特定的美术馆也将不复存在，或许届时只有艺术本身了。这也是我所尝试的，当我在设计一座美术馆时，我尝试将它打造为一个艺术品，将所谓的艺术体现在所有的作品当中。博物馆的概念其实是很麻烦的，因为由于尺寸等限制，你没有办法把想要放进来的艺术作品放进来。为什么要做艺廊，或者把所有的艺术限定在艺术馆中呢？艺术无处不在，我们不应该把它们限定在一起。

支文军（同济大学建筑与城市规划学院教授、《时代建筑》主编）：各位好！非常高兴今天能够参加这场研讨，听了斯蒂文·霍尔先生的演讲，我非常感动（图 45）。斯蒂文先生这些最新的作品，每一个都对我冲击很大，由于这些建筑都是最近完成的，所以非常遗憾，我都没能去看过。但是在过去二十年，我走访过很多他的作品，《时代建筑》也刊登过很多，我还亲自去斯蒂文的纽约事务所拜访，见到了他本人，尽管有了这些基础，今天我听他的作品讲演还是非常感动。在演讲中，他一开始罗列了一些理论，到具体作品介绍的时候，却是非常简单，没有掺杂太多理论。尽管如此，我还是觉得，他的作品之所以让人感动以及斯蒂文先生之所以是一个伟大的建筑师，最重要的就是他对理论和思想的关注及思考。斯蒂文先生最重要的图书和作品是非常紧密地交集在一起的，有时图书的思想促进作品，有时作品推进思考，所以他是目前世界职业建筑师中对理论最关注的、出版图书非常多的一位建筑师。斯蒂文先生对现象学理论思想的关注，促进了他对建筑设计的思考。

现象学作为哲学思想和体系的一支，对当代世界建筑的

45 | 图 45 支文军发言

发展起到非常重要的作用。20世纪90年代，中国对建筑现象学开始有所研究，刚才王明贤老师提到的那一批实验建筑师，他们的部分思想源头也是来自于现象学。所以，从20世纪90年代开始，中国不仅有建筑理论、历史学者，还有很多建筑师投入对现象学的关注，这样的热潮迄今为止仍经久不衰。我来之前大概检索了一下知网，对现象学的研究有八九十篇之多，频度一直持续到2019年，我相信这种对现象学理论的关注会一直促进建筑学的发展。斯蒂文先生的作品让我非常感动和记忆深刻之处，就是其理论和建筑相互促进的关系。

2008年，《时代建筑》杂志结合中国现象学研究会和一些哲学家、现象学家召开了重要的"现象学和建筑"研讨会，两天的会议有很多成果。虽然已经过去了十年，但是希望大家可以继续关注。《时代建筑》2008年第六期是以研讨会为基础的一本"现象学与建筑的对话"专刊，这些研究至今仍为我们的发展提供重要的思考。

朱锫：非常感谢支文军先生，刚才他谈到了2008年重要的"现象学与建筑"研讨会，我想跟学生们简单解释一下现象学。所谓现象学的属性，就是可以被我们的所有感官感知的。比如刚才斯蒂文先生的很多草图，都是在通过塑造各种各样的声、光甚至是触觉、嗅觉的条件来达成感知，他一直在做主观与客观、思想与现象、大脑与感官的结合。中国的很多建筑师，无论自觉与不自觉，早期的实验建筑确实都深深地受到了现象学的影响，比如对自然、环境关系的考虑，特别是

其中关于东方的传统哲学、东方美学的想法和现象学有着直接的连接。

谈到现象学，大家都知道在清华有一门特别重要的、最受欢迎的课——《建筑评论》，原来是关肇邺先生执教，我记得以前我们上课时，关先生曾说他讲课的标准是：他没去过的地方或者不是他亲自拍照的地方他就不会给大家讲，这一点我印象很深。现在周榕教授是这门课的掌门人，不知道是不是还有这样的坚持？周榕是在我认识的人中，几乎走遍了全世界每一个重要建筑角落的一个人，那我就想请周榕从你的角度给我们谈谈你上课分析过的斯蒂文先生的作品？比如从刚才我们看到的斯蒂文先生对光、结构形式、材料的重视，特别是他经常谈到的"视差"的体验的角度，或者是和路易斯·康的关系的角度？

周榕（著名建筑评论家、建筑学者，清华大学建筑学院副教授，中央美术学院视觉艺术高精尖创新中心专家）：我特别同意刚才各位嘉宾的话——斯蒂文·霍尔的确是一位伟大的建筑师（图46）。但他的伟大并非凭借今天讲的作品，30年前他就已经是伟大的建筑师了。为什么这么说呢，因为他几乎是凭借一己之力，把美国建筑界在路易斯·康去世之后，留下的巨大的意义空白给填补上了。这件事确实和综合大环境有关：20世纪60年代以后，美国建筑界洋溢着一种特别轻浮的、商业的、乐观主义的态度。特别是在罗伯特·文丘里之后，美国建筑

图46　周榕发言

46

师已经不再追求意义了，他们用符号来取代意义，来取代建筑去往深刻方向的努力。大部分我们熟知的美国建筑师，包括得了普利兹克奖的建筑师，例如菲利普·约翰逊、凯文·罗奇、贝聿铭、理查德·迈耶、弗兰克·盖里、罗伯特·文丘里、汤姆·梅恩等，他们已经放弃了对深度的探索，放弃了对建筑作为人类能创造的最大"存在物"的一种具有深刻性、可能性的思考，这是一个非常大的问题。在我看来，这些建筑师都是冲刺型建筑师，他们往往直接冲向终点，在起点的时候甚至都不等发令枪响就开始抢跑，一路狂奔，到了终点还要多跑几圈。

但斯蒂文·霍尔不同，他站的是哈姆雷特的生态位——他是犹豫的，他是在起点不肯贸然往前跑的建筑师。他的早期作品我特别喜欢，有一种阴郁、犹豫、欲言又止、不肯往前走的气质，就像一团痛苦的胚胎。我特别喜欢他在建筑中营造的那种岔路感和非方向性，就是所有的路没有一条提供准确的、明确的、结束性的答案。和其他被自身风格固化的建筑师非常不同，那些建筑师仿佛一下子就走到了终点，而他永远在起点徘徊，这一点特别重要。

我确实在《建筑评论》课上每年都会讲到几个我亲自去过的斯蒂文先生的建筑。我会在承接卡洛·斯卡帕之后讲到，比如华盛顿大学的小教堂——20世纪90年代后期风靡美国建筑院校，几乎成为美国建筑学生的"圣经"；还有早期他在纽约做的画廊，其墙体的每块板都可以打开；还有MIT的学生宿舍，用虫洞的方式来处理公共空间等，这些项目都是我非常欣赏的。

在我看来，斯蒂文·霍尔先生的作品不仅仅是对光的运用，光只是他的一个工具，更重要的是他在探索建筑作为"存在物"的朦胧的可能性。有趣的是，他的建筑就像一个磨盘，在轧血磨肉，不会让你特别轻易地达到高潮——即一个认知上清晰的点。类比可以看看扎哈·哈迪德，她早期的作品也是饱含痛苦的，但是到了后期就已经彻底剥离痛苦、挣扎和矛盾了，直接冲到形式终点，是一种跃迁型自我圆满的建筑师。相形之下，斯蒂文先生能够长期保持这种探索的状态特别了不起。

总的来说就是，美国建筑界在路易斯·康之后，整体太轻浮、太商业化了，斯蒂文·霍尔差不多是以一个人挽救了美国建筑师的尊严，谢谢。

斯蒂文·霍尔：我真的是受宠若惊。

朱锫：今天在座的除了建筑学者外，我们还特别请到了汪民安教授，他是一位哲学家，他有一本书叫《身体、空间与后现代性》，我觉得这和现象学息息相关。在斯蒂文先生的很多作品中，他都会谈到一个小人或者几个小人，实际上他一直在讲述尺度、空间和人的关系，以及人在其中的感受。所以接下来我们请汪民安教授从哲学的角度来跟我们分享一下他的看法。

汪民安（清华大学人文学院教授、著名哲学家）：我对建筑真的是外行，十几年前我确实曾经对空间理论做过一点研究，但是还真跟现象学没有太大关系，支老师那时候开"现象学与建筑"大会的时候也没邀请我，说明我不是搞现象学研究的，我研究的是法国后结构主义，就是福柯、德勒兹他们这些人，他们的理论之所以能够成立，就是因为站在了现象学的对立面，批判现象学而发展的（图47）。

但是我今天看了斯蒂文先生的作品，包括这些图，我有一些简单的感想。我觉得他的作品有很强烈的梅洛·庞蒂的现象学色彩，梅洛·庞蒂的现象学和德国的现象学非常不一样，他最重要的特点是强调身体对于外界的感知，这一点和笛卡儿（René Descartes）非常不一样，对笛卡儿而言，人和外界的关系完全靠的是意识、大脑、知识性的认知。但是对于梅洛·庞蒂而言，靠的完全不是大脑，而是整个身体对外界的感知，我们身体的触觉、味觉、嗅觉这些所有都作为一个整体去感知外界，而且要和外界保持整体性的感通关系。斯蒂文先生的作品特别有意思的一点，是要释放一种身体和外界之间非常有机的整体联系，建筑本身的意义就是要切换身体和外界的关系。尽管斯蒂文先生的建筑感觉非常强，形式非常美，形体非常显赫难以忽视，但在建筑空间里又能感觉到身体和外界的关系，是因为他试图要把建筑这道墙给打开，我想这可能也是"OPEN"（开放）的意思，即用不同的方式把身体和外界联系起来，或者说尽可能地将建筑"去建筑化"，尽可能地把封闭性打开。因此他引用了光、水、光和水的关系等，到

建筑里来，打开建筑的壁垒或者是墙的界限，和身体结合在一起。还有一点表现在建筑之内，他大量的作品都把功能性的分区拆解掉，比如在最后一个项目中，屋子里没有房间划分，但是可以供好几个人睡觉，这几个人也可以在不同的地方睡觉，这种做法也是在拆掉室内的墙，尽可能在所有的设计中让身体和外界有一个有机的、整体的、全面的、多感官的联系。这是我印象特别深的一点。

朱锫：非常非常好，汪民安从一个哲学家的角度，谈到了很有启发性的几个点，大家都记忆犹新。

我们还有另外一位学者是卡尔·奥托·埃勒弗森（Karl Otto Ellefsen），他也是我们中央美术学院的访问教授。斯蒂文先生作为一位美国建筑师，在欧洲有很多的经历，比如在罗马上学的时候，听说找了一个太阳神庙旁边的房子，天天去看太阳神庙。后来去了AA建筑学院，又和当今很活跃的建筑师成为同学，所以我想也许是欧洲和美国文化的差异背景，塑造了他身上的一些独特气质，请奥托教授从北欧建筑师的角度，谈谈美国建筑师和欧洲建筑师的区别，以及斯蒂文先生算是哪种类型？

卡尔·奥托·埃勒弗森（奥斯陆建筑与设计学院教授）：感谢邀请我来参加讲座，刚才我与中央美院的其他老师一起坐在观众席（图48）。我对能够上台参与讨论感到有些意外，但也非常地荣幸和激动。所以我也想简短地评价一下斯蒂文·霍

图47　汪民安发言
图48　卡尔·奥托·埃勒弗森发言

尔的作品。

我在欧洲北部做建筑师时第一次遇到斯蒂文的作品，他参加竞标似乎是获胜了。那个建筑很独特，看起来不像传统的北欧建筑，很受政客们的欢迎。当时大家有异议，认为这个建筑很难建造，我当时维护了斯蒂文，说斯蒂文做建筑有自己的风格特点，到今天我也如此相信。这是我想说的第一点。

第二点，鉴于很难从外部判断，那么就他自身而言，斯蒂文·霍尔对自己的客户非常重视，这很有说服力，尤其是他在挪威向政客们推销自己的建筑时。当初维护他时，我说他的作品很有个性，现在回看发现作品也并非当初受到争议时那般不堪，还是不错的。着眼当下，他的作品数量增长惊人。他居然在 2017 年到 2020 年之间主持了如此多的项目，而我全然不知。他的事务所一定拥有了 200 名员工，不，400 名，这是一件大事。

接下来说回我对他的印象，我认为斯蒂文·霍尔是非常具有当代性的建筑师。如你所知，我们今天处在全新的位置上，在 20 世纪 70 年代，一位哲学家曾经说过，真正的叙事已经去世了。但今天我们有新的叙事，即我们休戚相关的环境危机和气候危机。很高兴看到你的作品能够基于这种语境去呈现。

我稍微拓展一下，在当下的欧洲有一场愈演愈烈的讨论，我们称之为"Shame on Fly"（你应该为乘飞机感到羞耻），因为你使用了太多的能源。昨天我应邀参加了挪威一个类似的讨论，主题名为"做建筑的耻辱"。你还应该做建筑吗？你还应该在这样的新环境下使用这么多资源吗？

建筑理论在这样的新环境下该如何应对呢，建筑又该扮演什么样的角色，建筑自身该何去何从。我们或许应该尝试以不同视角回应一下这些问题。今天听斯蒂文的展示时我也在考虑这个问题，我认为他的作品以一种充满希望的方式回应了这个问题，令人备感慰藉。谢谢。

朱锫：特别感谢今天斯蒂文·霍尔先生和多位学者的精彩发言，接下来由于时间的原因，我就做一个小的总结，是我自己的一些感想（图 49）。

斯蒂文·霍尔是当今最伟大的建筑艺术家之一，是思想、理论和实践完美结合的践行者。回想与斯蒂文·霍尔之间的友谊与交往，越发能感悟到他对建筑艺术的执迷与热爱。前些年，我在哥伦比亚大学执教建筑设计课（Advance Studio），除了参加彼此工作室的评图外，总会有闲暇见面、聊天、吃饭。有时，课后先到他的住所，再到楼下有趣的饭馆吃饭。令我印象最深的就是铺满卧室、客厅、餐厅的铅笔水彩草图，每一张都生动地记录着他建筑创作瞬间的思考，"他不是为生活而画，是为画而生"。

大多数评论家都试图从现象学的角度来挖掘斯蒂文·霍尔作品背后的理论基础，但作为建筑师，我本能地更想从斯蒂文·霍尔作为艺术家的角度，感受他的创作过程。建筑是

49 ｜ 图 49　朱锫主持圆桌论坛

艺术，他深信不疑，但建筑不仅是视觉艺术，更是经验的、感悟的艺术，这种认知，就决定了他的作品观念，在认识论层面上，几十年来一以贯之，那就是：场地与建筑之间的血缘关系，是物理空间与主观经验的相互缠绕，尽管在建筑形式上的变化多样。这种"场地与根源"的探究，这种"时间与经验"的主观感受，让人联想到保罗·塞尚（Paul Cézanne）"用双眼绘画"的艺术自主原则，以及对现代绘画的革命性阐述。

1989 年的《锚固》及 1996 年的《交织》两本著作的出版，清晰地表明了斯蒂文·霍尔是一位批判的现代主义者，内心深爱着现代主义的基本理念，但又试图超越现代主义所倡导的建筑本体对技术和功能的原始崇拜。他用类型学和现象学的方法，探索建立建筑与环境内在联系的创作途径。场地（Site）、想法（Idea）、体验（Parallax）、材料和细部（Material and Detail）是贯穿斯蒂文·霍尔几十年建筑实践的四个核心理念。

斯蒂文·霍尔也是对中国当代建筑实践产生重要影响的西方建筑师之一，无论是有着亨利·马蒂斯（Henri Matisse）"舞者"意向的 MOMA 现代城，还是"水平摩天楼"的万科总部，都映射出他对东方自然观的感悟和中国当代文化敏锐的观察力。

今天的讲座，斯蒂文·霍尔向我们讲述了他近十几年的建筑创作思考与实践，再次向人们展示了他对建筑艺术深邃而独特的认知，我们期待斯蒂文·霍尔更多伟大作品的诞生（图 50）。

图 50　嘉宾合影

50

图书在版编目（CIP）数据

思想建筑. 第二辑 / 王子耕执行主编. -- 北京：
中国建筑工业出版社, 2023.10
（央美建筑系列丛书）
ISBN 978-7-112-29040-6

Ⅰ.①思… Ⅱ.①王… Ⅲ.①建筑学—文集 Ⅳ.
①TU-53

中国国家版本馆CIP数据核字(2023)第155226号

责任编辑：徐明怡　徐　纺
责任校对：赵　力
内容整理：王逸茹　王俊棋

央美建筑系列丛书
朱锫　王明贤　主编
思想建筑　第二辑
王子耕　执行主编
＊
中国建筑工业出版社出版、发行（北京海淀三里河路9号）
各地新华书店、建筑书店经销
北京点击世代文化传媒有限公司制版
北京雅昌艺术印刷有限公司印刷
＊
开本：880毫米×1230毫米　1/16　印张：5　字数：139千字
2024年9月第一版　2024年9月第一次印刷
定价：**60.00**元
ISBN 978-7-112-29040-6
　　　　（41773）